U0738486

机械基础实验教程

主　编　曹欢玲　宋源普

ZHEJIANG UNIVERSITY PRESS
浙江大学出版社

内容提要

本书共分 5 章,第 1 章机械制造技术基础课程实验,共 6 个实验;第 2 章机械设计课程实验,共 11 个实验;第 3 章工程材料课程实验,共 6 个实验;第 4 章流体传动课程实验,共 10 个实验;第 5 章互换性与测量技术课程实验,共 7 个实验。本书各实验项目之间具有相对独立性,由实验目的、实验仪器、实验原理、实验步骤及实验报告等部分有机组成,便于不同层次学校和不同专业实验需求使用,也可供教师、一般工程技术人员参考。

图书在版编目(CIP)数据

机械基础实验教程/ 曹欢玲,宋源普主编.—杭州:浙江大学出版社,2016.6(2025.7 重印)
ISBN 978-7-308-15786-5

Ⅰ.①机… Ⅱ.①曹…②宋… Ⅲ.①机械学—实验—教材 Ⅳ.①TH11-33

中国版本图书馆 CIP 数据核字(2016)第 086030 号

机械基础实验教程

曹欢玲　宋源普　主编

责任编辑	吴昌雷
责任校对	余梦洁
封面设计	刘依群
出版发行	浙江大学出版社
	(杭州市天目山路 148 号　邮政编码 310007)
	(网址:http://www.zjupress.com)
排　版	杭州林智广告有限公司
印　刷	浙江新华数码印务有限公司
开　本	787mm×1092mm　1/16
印　张	9.75
字　数	238 千
版 印 次	2016 年 6 月第 1 版　2025 年 7 月第 3 次印刷
书　号	ISBN 978-7-308-15786-5
定　价	25.00 元

前　言

为了适应高等院校机械类课程教学改革的需求,培养大学生的实践动手能力和创新能力,在现有课程实验基础上,经过多年的改革与实践,形成了多层次、多形式的机械基础课程实验体系。依据机械类专业课实践教学大纲要求,我们系统地整合了机械类主干专业课的实验项目,编写了机械基础实验教程。本教材内容紧密联系理论教学、工程训练和课程设计等教学环节,以多年的实验教学讲义和校内自编实验指导书为基础,不断优化实验内容,增加综合性、创新性实验数量。

机械基础实验是高等院校普遍开设的实验课程,对于培养学生的工程实践能力、综合设计与分析能力、科学研究能力以及创新能力起着重要的作用。针对机械基础课程的教学学时及实验条件,本教材将实验分为基本实验、综合实验、设计实验、创新实验,以满足不同层次学校和不同专业实验需求。各校可以根据各自的实验教学要求、实验学时和实验条件,采取必修、选修、开放实验等灵活多样的方式开设实验。

全书内容分5章,共40个实验项目。参加本书编写的人员有曹欢玲、宋源普、候英岢等老师,其中第1章机械制造技术基础课程实验,共6个实验,由候英岢编写;第2章机械设计课程实验,共11个实验,由宋源普、陈茂军编写;第3章工程材料课程实验,共6个实验,由许小锋、倪忠进编写;第4章流体传动课程实验,共10个实验,由赵湘君编写;第5章互换性与测量技术课程实验,共7个实验,由曹欢玲编写。

本书为高等学校实验教材,可供其他高校相近专业的学生参考使用,也可供机械制造业的工程技术人员参考。

由于编写水平有限,本书涉及的内容较为广泛,书中难免有不足之处,恳请读者和专家批评指正。

编　者

2015 年 12 月

CONTENTS 目 录

第1章 机械制造技术基础课程实验

实验一 车床切削力测量实验

一、实验目的

1. 了解切削测力仪的工作原理、测力方法和切削力实验系统;
2. 掌握背吃刀量 a_{sp}、进给量 f 和切削速度 v_c 对切削力的影响;
3. 通过实验数据的处理,建立切削力的经验公式。

二、实验仪器及设备

CA6140 型车床和切削力实验仪器系统。

三、实验原理

三向切削力的检测原理,是使用三向车削测力传感器检测三向应变,三向应变作为模拟信号,被输入到切削力实验仪器内进行高倍率放大,再经 A/D 板又一次放大之后,转换为数字量送入计算机。测力系统首先应通过三向电压标定,以确定各通道的增益倍数。然后,再通过机械标定,确定测力传感器某一方向加载力值与三个测力方向响应的线性关系,经过这两次标定,形成一个稳定的检测系统,再进行切削力实验。

测量切削力的主要工具是测力仪,电阻式测力仪的工作原理是在测力仪的弹性元件上粘贴具有一定电阻值的电阻应变片,然后将电阻应变片连接为电桥电路。设电桥各臂的电阻分别是 R_1、R_2、R_3 和 R_4,如果 $R_1/R_2 = R_3/R_4$,则电桥平衡,即 2、4 两点间的电位差为零,应变电压输出为零。在切削力的作用下,电阻应变片随着弹性元件发生弹性变形,从而改变它们的电阻,如图 1-1 所示。电阻应变片 R_1 和 R_4 在弹性张力作用下,其长度增大,截面积缩小,于是电阻增大。R_2 和 R_3 在弹性压力作用下,其长度缩短,截面积加大,电阻减小,于是电桥的平衡条件受到破坏。2、4 两点间产生电位差,输出应变电压,通过高精度线性放大区将输出电压放大并显示和记录下来。输出应变电压与切削力的大小成正比,经过标定,可以得到输出应变电压和切削力之间的线性关系曲线(即标定曲线)。测力时,只要知道输出应变电压,便能从标定曲线上查出切削力的数值。

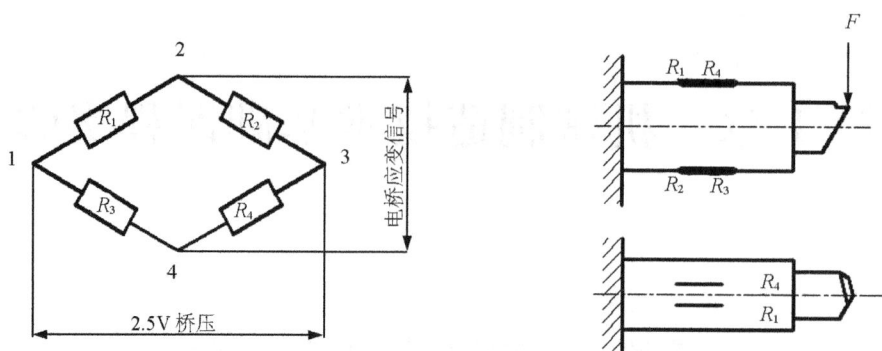

图 1-1 电桥

四、实验方法和步骤

(一) 准备工作

1. 安装工件、测力仪,注意将刀尖对准车床中心高。

2. 用三根软管导线将测力仪和数显箱连接起来(注意 $X-X$、$Y-Y$、$Z-Z$ 相连,不可接错),接通电源。

3. 熟悉机床操作手柄及操作方法,注意安全。

4. 熟悉数显箱的使用和读数,并将读数调零。

5. 确定实验条件。

(二) 切削力实验步骤

本实验所采用的实验方法是单因素法和正交法。在实验之前已经对测力系统进行了三通道增益标定、机械标定。实验中先进行三通道零位调整,之后再通过数字显示观察输出情况,若输出稳定就可以进行单因素实验和正交实验。在显示器面板上点击"切削力实验"图标,进入实验系统。在切削力实验导向界面上,可以点击激活显亮了的项目,调出相应的界面和程序运行。对于需要将实验过程中的实时数据写进数据库的项目——"测力传感器标定"和"切削力实验",在点击其按钮之前,应先在"要进行新实验必须在此输入实验编号"栏目内,给出实验编号,点击[确定]按钮,激活所有项目。之后,再点击需要的按钮,调出相应程序运行,具体的操作方法见实验系统帮助。

1. 切削力实验系统三通道的零位调整。

零位控制是实验过程中非常重要的一个环节。如果零位偏高,那么 A/D 板采集的高端数据就会受到限制。例如,切向力的零位数为 200,则当切向切削力数据为 2800N 时,虽然显示的数值仅为 2800N,但实际采集的数值已经为 3000N 了,若切向力再增大,但采集的数据依然为 3000N 不变,这就产生了采集误差。反之,如果零位数值小于 0,例如为 −30,则 A/D 板采集的小于 30N 的数据都将为 0,也就产生了采集误差。界面如图 1-2 所示。

2. 三向力的数字显示。

在三向力数字显示界面(见图 1-3)内,可以实时地观察到切削力的变化情况,以及变化规律,从而更好地对实验过程进行控制。

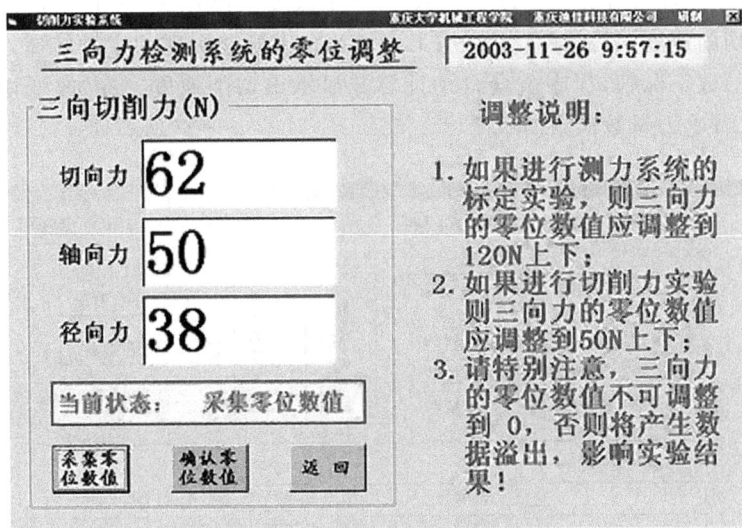

图 1-2　零位调整界面

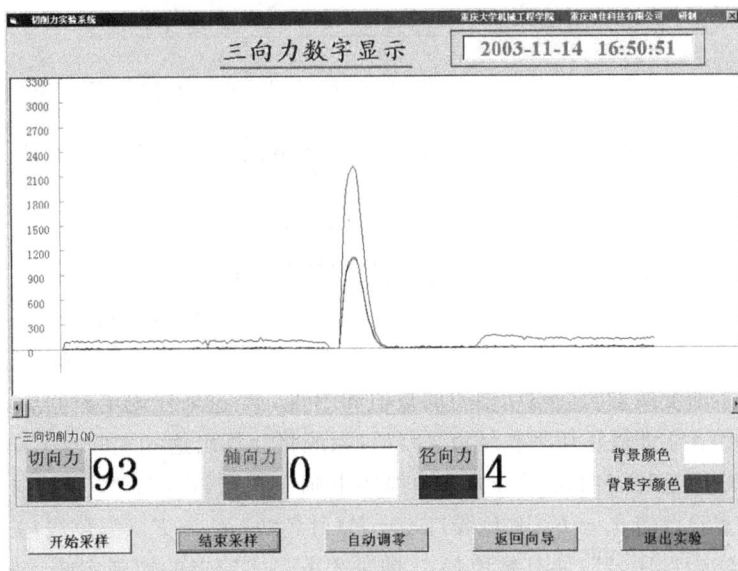

图 1-3　"三向力数字"显示界面

(三) 单因素实验步骤

1. 改变背吃刀量单因素切削力实验。

背吃刀量是影响三向切削力的最主要因素,在改变背吃刀量单因素切削力实验程序辅助下,进行只改变背吃刀量,而不改变切削速度和进给量的切削力实验,操作过程大致如下:

(1) 在切削力实验方式向导界面(见图 1-4),点选[改变背吃刀量]按钮,调出单因素实验方法中改变背吃刀量的辅助实验界面。

(2) 在"点序"栏内,点选实验点序号(两位数,一般从 1 开始)。如果要删除该点序的实验数据,请点击[删除此点数据]按钮。如果要删除以前的所有实验数据,应点击[清空记录]按钮。

（3）设置切削用量，需要确定以下参数：在"不改变切削用量"栏目内，输入进给量和切削速度。对于切削速度，只需输入工件加工直径及车床能够实现的主轴转速，并用鼠标点击一下"切削速度"数字标牌，程序就会自动计算并显示出切削速度。在"改变切削用量"栏目内，点选或输入背吃刀量数值。

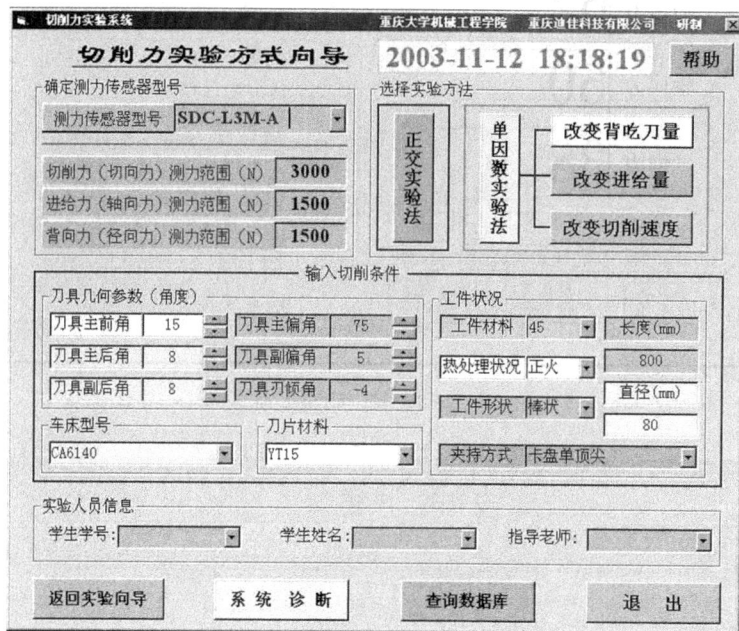

图 1 - 4　切削力实验方式向导界面

（4）确定采样时间，并且按设定的切削用量调整车床和刀具。

（5）点击[清零]按钮，调零位调整界面，按其调整说明进行零位调整。

（6）启动车床进行切削，待切削稳定后，按下[开始数据采集]按钮，界面上会自动显示采样进程时间，以及不断变换着的三向切削力的数值和图线。经过采样规定时间后，程序将自动停止采样，同时操作者立即停止切削！结束采样后，系统将计算出这一实验点三向切削力的平均值，并在切削背吃刀量与三向切削力关系曲线图上画三个点，再用直线将其与上三个点连起来，获得通过该实验点的 $a_{sp}-F_c$（蓝色线）、$a_{sp}-F_f$（红色线）、$a_{sp}-F_{sp}$（绿色线）关系连线。

（7）点选"实验点序号"，使其数值加 1，即进入下一实验点的切削实验。同时，必须改变背吃刀量，然后重复（5）、（6）直至获得足够多（应不少于 3 个实验点）的实验数据。

（8）当采集完数据时，按下[求单因素实验式]按钮，程序将按现有的几个实验点数据进行拟合，建立 $a_{sp}-F_c$、$a_{sp}-F_f$、$a_{sp}-F_{sp}$ 关系实验公式，画 $a_{sp}-F_c$、$a_{sp}-F_f$、$a_{sp}-F_{sp}$ 拟合曲线图。

（9）按下[保存单因素实验式]按钮，将已经获得的改变背吃刀量单因素实验公式中的系数和指数写入数据库保存。

（10）在界面的右下角，通过单因素实验公式，已经很清楚地显示了这三个单因素实验的进展情况。如果已经完成了两个单因素实验，即可点击[求单因素综合公式]按钮，程序将对已有的三向切削力单因素实验公式进行综合，计算出相应的综合公式，并将这三个综合公式写进数据库。对于还没有完成单因素实验的那个切削用量，在综合公式中，程序规定其指数为零。

（11）点击［返回实验向导］按钮，返回切削力实验方式向导界面。

2. 改变进给量单因素切削力实验。

改变进给量单因素切削力实验的实验方法和改变背吃刀量单因素切削力实验的实验方法一样，只需将相对应的改变背吃刀量修改为改变进给量即可进行。

3. 改变切削速度单因素切削力实验。

改变切削速度单因素切削力实验的实验方法和改变背吃刀量单因素切削力实验的实验方法一样，只需将相对应的改变背吃刀量修改为改变切削速度即可进行。

4. 单因素切削力实验综合公式。

在三个实验进行完毕之后，返回求取单因素切削力实验综合公式界面。点击［求单因素综合公式］按钮，程序将对已有的三向切削力单因素实验公式进行综合，计算出相应的综合公式，并将这三个综合公式写进数据库。如果需要对实验数据进行查询及打印，请阅读实验系统帮助，并依据具体的步骤进行相应操作。

（四）切削力正交实验

本软件系统能满足 L_9^3 三水平四因素的正交实验，其中，四因素是指切削速度、进给量、背吃刀量和三向切削力，三水平是指高、中、低水平。在切削力正交实验程序辅助下，操作过程大致如下：

1. 在切削力实验方式向导界面内，点击［正交实验法］按钮，调出"切削力正交实验"界面（见图 1-5）。

2. 在"切削力正交实验"界面内输入切削速度、进给量和背吃刀量的高水平值与低水平值，系统将自动计算并显示中水平值。

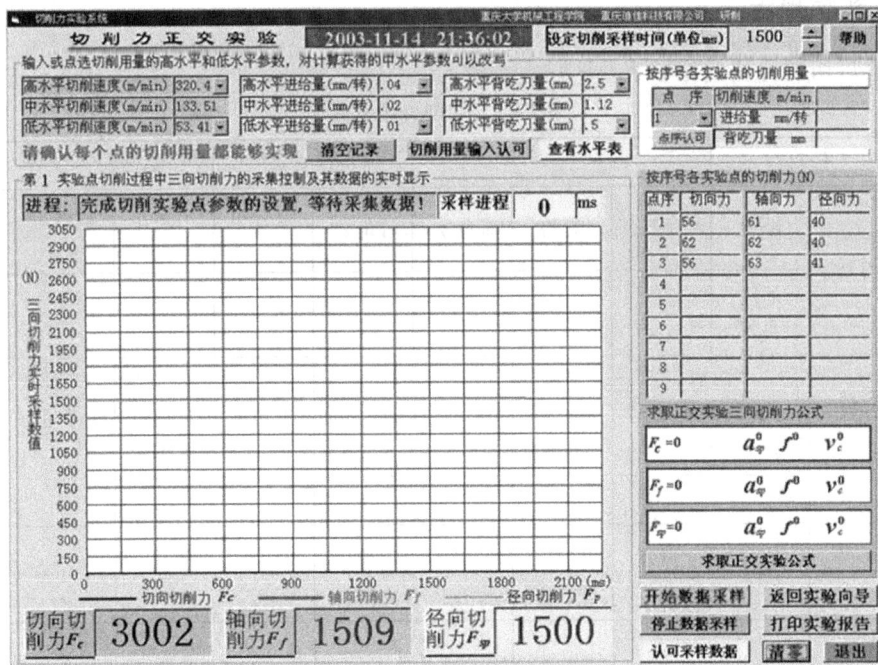

图 1-5　"切削力正交实验"界面

3. 点击[清空记录]按钮,软件将把上一次的切削用量数据和已完成的实验点的三向切削力实验数据从内存中和界面上清除出去,以便填写新的切削用量,进行新的切削实验,获得新的实验数据。

4. 确认所有9组切削用量,再点击[切削用量输入认可]按钮,将所确定的切削用量写进实验数据库。

5. 安排实验进程,首先点击[查看水平表]按钮,调出正交水平表,再根据其所示的这9组切削用量来安排实验进程。例如,应该先进行高水平背吃刀量各实验点的切削实验,而后是中水平的,再后才是低水平的,这样安排比较省料。当要求退出正交水平表时,只需对其用鼠标双击即可。

6. 在"按序号各实验点切削用量"栏目内,按照所确定的实验进程,有目的地点序,再点击[点序认可]按钮,界面将显示出这一实验点的切削用量,据此调整车床,满足实验要求。

7. 启动车床进行实验,此时的操作与单因素实验基本相同,完成各个点的切削,得到相对应的实验数据。

8. 如此反复,完成所有9个实验点的切削过程,获得相关数据后,点击[求取正交实验公式]按钮,即宣告正交实验结束,系统将进行以下工作:

(1) 按照这些数据,计算获得三向切削力正交实验公式;

(2) 在界面右下角显示这三个正交实验公式;

(3) 将三向切削力正交实验公式、实验日期和时间等参数写进切削力实验数据库。

到此实验基本结束,如果需要对实验的数据进行查询及打印,请阅读实验系统帮助,并依据具体的步骤进行相应的操作。

五、实验报告

1. 填写切削力测量记录表1-1。

表1-1　切削力测量值

实验条件	刀具	工件材料					工件直径			
		结构	材料	规格	前角 γ_0	后角 α_0	副后角 α'_0	主偏角 κ_r	副偏角 κ'_r	刃倾角 λ_s
		外圆车刀								
序号	转速 (r/min)	切削速度 (m/min)		切削深度 (mm)	进给量(mm/r)		主切削力 F_z(N)		背向力 F_x(N)	
1										
2										
3										
4										
5										

2. 按指数规律拟合主切削力或背向力与切削深度、进给量的关系,建立切削力的经验公式。

3. 列举影响切削力的因素有哪些。

实验二　车床切削温度测量实验

一、实验目的

1. 了解车削时自然热电偶的构成以及采用自然热电偶进行切削温度实验的原理和方法;

2. 掌握自然热电偶现场快速标定的原理和方法,并获得其标定公式;

3. 进行切削温度单因素实验或正交实验,了解切削用量对切削温度的影响规律,获得切削温度的实验公式;

4. 认知计算机辅助实验硬、软件的系统构成,并熟悉自然热电偶标定与切削温度实验软件的具体操作。

二、实验仪器及设备

CA6140 型车床和切削温度实验系统。

三、实验原理

在切削过程中,硬质合金刀片和工件(切屑)组成了自然热电偶,切削温度实验就是将这个自然热电偶作为传感器来测量切屑温度的。切削时,自然热电偶产生的是温差热电势和温差热电流,"刀—屑"及"刀—工"接触区的高温端温度与硬质合金刀片另一端的冷端温度之差相当显著,所以产生的热电势可以被测量到。硬质合金刀片作为自然热电偶的一个热电极,工件和切屑作为另一极。再将工件和切屑组成的这一极分成两部分(图 1-6),前者包括被切削加工的工件和与其紧密相连的一段切屑(图 1-7),后者就是一段切屑,这两段切屑端部的电压就是实验的检测对象——自然热电偶的热电势值。由于工件和切屑组成的热电极的前一部分是随着机床主轴旋转的,为将旋转着的切屑的热电势引导出来,便于检测,实验采用了水银集电器(图 1-8)。需要特别关注的是绝缘问题,在这里,由于棒状工件采用了尾顶尖,必须在尾顶尖莫氏锥面和车床尾座主轴莫氏锥孔之间进行绝缘处理,常用的方法是在尾顶尖莫氏锥面上涂塑或贴上一层塑料薄膜。当然,硬质合金车刀刀体与四方刀架之间(上、下两面),也需要垫上绝缘垫片。

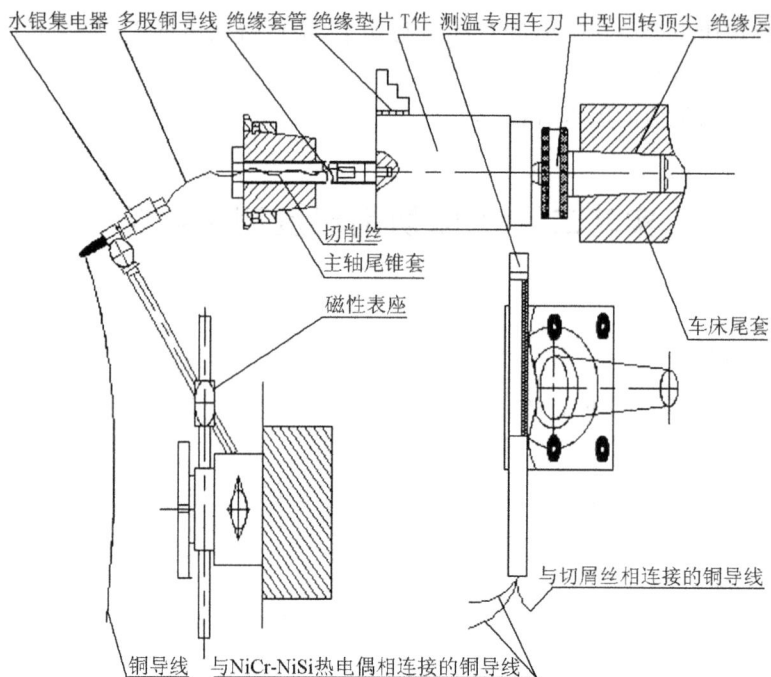

水银集电器 多股铜导线 绝缘套管 绝缘垫片 T件 测温专用车刀 中型回转顶尖 绝缘层

切削丝
主轴尾锥套
磁性表座

车床尾套

与切屑丝相连接的铜导线

铜导线 与NiCr-NiSi热电偶相连接的铜导线

图 1-6 切削温度实验系统总体布局

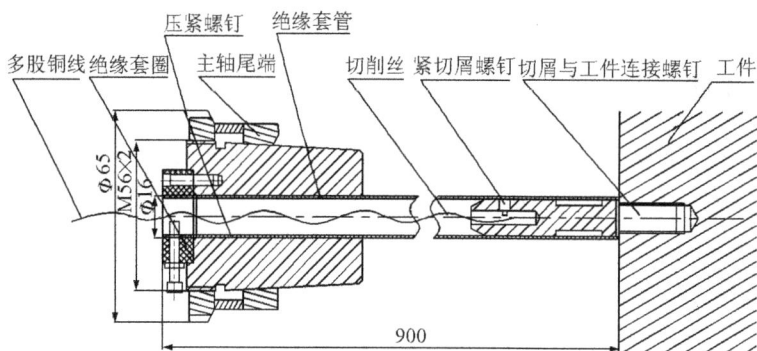

压紧螺钉 绝缘套管

多股铜线 绝缘套圈 主轴尾端 切削丝 紧切屑螺钉 切屑与工件连接螺钉 工件

Φ65
M56×2
Φ16

900

图 1-7 切削温度实验工件尾端结构图

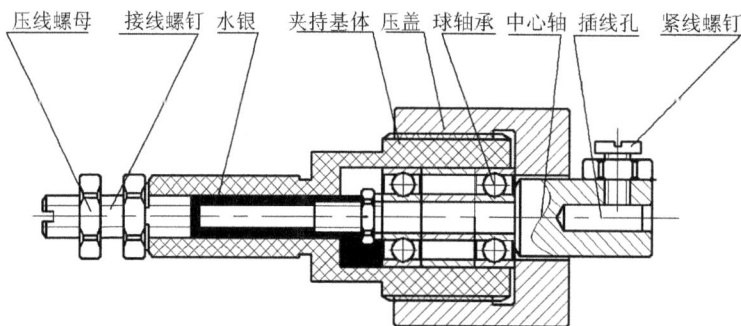

压线螺母 接线螺钉 水银 夹持基体 压盖 球轴承 中心轴 插线孔 紧线螺钉

图 1-8 水银集电器结构图

四、实验方法和步骤

(一) 准备工作

1. 将工件、刀具以及所用到的附件装在机床上,并用万用表检查刀具、工件与机床的绝缘情况。

2. 熟悉车床操作手柄及操作方法,注意安全事项。

3. 选定切削用量,采用单因素法和正交法进行切削实验。

4. 熟悉数显箱的使用和读数,并将读数调零。

5. 确定实验条件。

(二) 切削温度实验步骤

本实验所采用的实验方法是单因素法和正交法。在实验之前已经对测温系统进行了三通道数据与增益标定、自然热电偶快速标定。实验过程中先进行三通道零位调整,之后再通过数字显示观察输出情况,若输出稳定就可以进行单因素实验和正交实验。

在显示器面板上点击"切削温度实验"图标,进入实验系统。在切削温度实验向导界面上,可以点击激活亮显了的项目,调出相应的界面和程序运行。对于需要将实验过程中的实时数据写进数据库的项目——"自然热电偶快速标定"和"切削温度实验",在点击其按钮之前,应先在"要进行新实验必须在此输入实验编号"栏目内,给出实验编号,点击[确定]按钮,激活所有项目。之后,再点击需要的按钮,调出相应程序运行,具体的操作方法见实验系统帮助。

1. 切削温度实验系统三通道的零位调整(图 1-9)。

零位控制是实验过程中非常重要的一个环节。如果零位偏高,则 A/D 板采集的高端的数据就会受到限制,从而影响实验结果。以数显数字为依据,对自然热电偶、冷端热电偶的零位通过切削温度实验仪器面板上的旋钮进行调整,伸这两个数值尽量接近 0,但不应该小

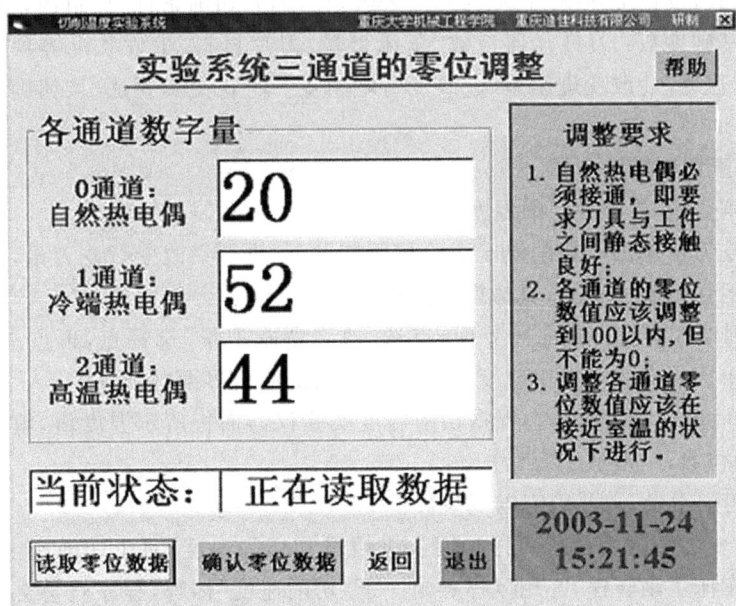

图 1-9　零位调整界面

于 0。实在调不到 0,也应尽量调到最小。

2. 切削温度数字显示。

在切削温度数字显示界面(图 1—10)内,可以实时地观察到切削温度的变化情况及变化规律,从而更好地对实验过程进行控制。

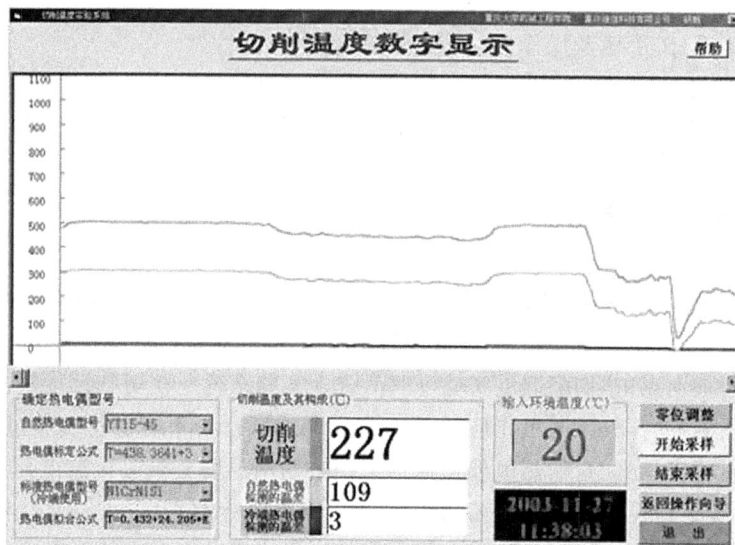

图 1—10 切削温度数字显示界面

3. 切削温度实验方式向导。

在切削温度实验方式向导界面内,点击[切削温度实验方式向导]按钮,调出切削温度实验方式向导界面,解决实验条件设置与实验方式选择等实验中的重要问题。选择自然热电偶型号、标定公式,及标准热电偶型号、标定公式,在"输入切削条件"栏目内,按照提示,输入下列切削条件基础参数:刀具几何参数、车床型号、刀片材料、工件状况等项。接下来直接点击[改变切削速度]、[改变进给量]、[改变背吃刀量]或[正交实验法]按钮即可进行相对应的实验。

(三)单因素切削实验步骤

1. 改变背吃刀量单因素切削温度实验。

在改变背吃刀量单因素切削温度实验程序辅助下,进行只改变背吃刀量,而不改变切削速度和进给量的切削温度实验,具体操作过程如下:

(1)在切削温度实验方式向导界面,点选[改变背吃刀量]选择点,再点击[实验方式确认]按钮,调出单因素实验方式中改变背吃刀量的辅助实验界面(图 1—11)。

(2)在"环境温度"数据栏内,根据切削温度实验仪器面板所示温度值,填写数据。点选实验点序号(两位数,一般从 1 开始)。

(3)设置切削用量,需要确定以下参数:

①在"不改变的切削用量"栏目内,输入进给量和切削速度,对于切削速度,只需输入工件加工直径及车床主轴转速,并用鼠标点击一下"切削速度"标牌,程序就会自动计算并显示出切削速度。

②在"改变的切削用量"栏目内,点选或输入背吃刀量。

③如果切削条件与上述设置相同,并且符合车床实际和实验要求,即可点击[认可此点的切削用量]按钮,结束这一实验点的切削用量设置工作。

(4) 设置采样时间,这一实验点实际的切削时间要比此采样时间长一点,采样时间一般设置为 1500~2000ms 即可。

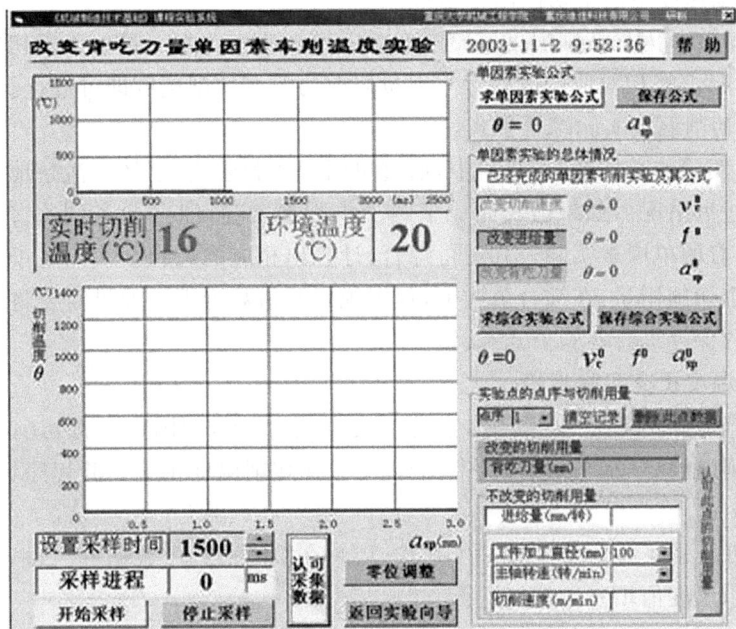

图 1-11　改变背吃刀量单因素切削温度实验界面

(5) 按设定值调整车床和刀具,启动车床进行切削。

(6) 切削温度的实时数据一直在界面左上角的图框内显示着,当刀具切入工件时,可以很明显地看到线图的上升过程。待切削刃确实切入工件、线图基本稳定后,按下[开始采样]按钮,界面上会自动显示采样进程时间,以及不断变换着的切削温度的数值和图线。经过采样规定时间后,程序将自动停止采样,同时在界面上弹出警告语句,提醒操作者立即停止切削! 结束采样后,程序将计算出这一实验点切削温度的平均值,并在背吃刀量—切削温度图上画一个点,再用直线将此点与上一点连起来,获得该实验点的 a_{sp} 关系连线。点选"实验点序号",使其数值加 1,即进入下一实验点的切削实验。同时,必须改变背吃刀量,然后,按下[切削用量认可]按钮,待切削过程稳定后,按下[开始采样]按钮,进行下一实验点的切削采样,直至获得足够多(不应少于 3 个实验点)的实验数据。

(7) 如果认为改变背吃刀量的单因素切削温度实验可以告一段落,每一个实验点的数据都是可信的,或者,已经将不可信的实验点数据删除了。即可按下[求取单因素实验公式]按钮,程序将按现有的几个实验点数据进行拟合,建立 a_{sp} 关系实验公式,画出 a_{sp} 拟合曲线图。

(8) 若实验次数太少,需要增加实验点数据,应该回头再进行切削实验和采样,方法和过程与上述相同。然后,再按下[求单因素实验公式]按钮,获取公式和图形,结束此次切削实验过程。

（9）按下［保存公式］按钮，将已经获得的改变背吃刀量单因素实验公式中的系数和指数写入数据库保存。

2. 改变进给量单因素切削温度实验。

改变进给量单因素切削温度实验的实验方法和改变背吃刀量单因素切削温度实验的实验方法一样，只需将相对应的改变背吃刀量修改为改变进给量即可进行。

3. 改变切削速度单因素切削温度实验。

改变切削速度单因素切削温度实验的实验方法和改变背吃刀量单因素切削温度实验的实验方法一样，只需将相对应的改变背吃刀量修改为改变切削速度即可进行。

4. 单因素切削温度实验综合公式。

在"单因素实验的总体情况"栏目中，通过单因素实验公式，已经很清楚地显示了这三个单因素实验的进展情况。如果已经完成了两个单因素实验，即可点击［求综合实验公式］按钮，程序将把已有的单因素实验公式进行综合，计算出相应的综合公式。对于还没有完成单因素实验的那个切削用量，在综合公式中，程序规定其指数为零。如果需要将综合公式写进数据库，请按下［保存综合实验公式］按钮。

（四）切削温度正交实验步骤

本软件系统能满足 L_9^3 三水平四因素的正交实验，其中，四因素是指切削速度、进给量、背吃刀量和切削温度，三水平是指高、中、低水平。在切削温度正交实验程序辅助下，具体操作过程如下：

1. 进入"切削温度正交实验"界面（图1-12），在"环境温度"数据栏内，根据切削温度实验仪器面板所示温度值填写数据。

图1-12 "切削温度正交实验"界面

2. 在"切削温度正交实验"界面内的"输入或点选切削用量的高水平和低水平参数,对计算获得的中水平参数可以改写"栏目下,输入切削速度、进给量和背吃刀量的高水平值与低水平值,程序将计算并显示中水平值。确认了所有 9 个切削用量都可以实现后,再点击[切削用量输入认可]按钮,将所确定的切削用量写进实验数据库。

3. 首先调出正交水平表,根据其所示的这 9 组切削用量来安排实验进程。再按照所确定的实验进程,有目的地点选点序,点击[点序认可]按钮,界面将显示出这一实验点的切削用量,据此调整车床,满足实验要求。设置采样时间,一般设置为 1500～2000ms。

4. 在符合该点切削用量的条件下,启动车床,进行切削。

5. 对每一个切削实验点,切削温度的实时数据一直在界面右下角的切削温度图框内显示着,当刀具切入工件时,可以很明显地看到线图的上升过程。

6. 如此反复,完成所有 9 个实验点的切削过程,获得相关数据后,点击[求取切削温度正交实验公式]按钮,即宣告正交实验结束,计算机将进行以下工作:

(1) 按照这些数据,计算获得切削温度正交实验公式;

(2) 在界面中心部位显示出这个正交实验公式;

(3) 将切削温度正交实验公式、实验日期和时间等参数写进切削温度;

(4) 实验数据库。

到此实验基本结束,如果需要对实验的数据进行查询及打印,请阅读实验系统帮助,并依据具体的步骤进行相应的操作。

五、实验报告

1. 记录实验数据及分析结果。

2. 思考题。

(1) 实验所采用的测量温度方法有何特点? 在测量系统中有哪几方面会引起热电势测量误差?

(2) 分析切削速度、进给量及背吃刀量对车削温度的影响程度,并分析其影响原因。

(3) 根据切削用量对车削温度的影响实验所得结果,为了提高生产率和刀具寿命,在机床条件允许情况下,切削用量应如何选择?

实验三　工序质量控制实验

一、实验目的

1. 了解工序质量控制的基本概念,认识工序质量控制的目的和意义;

2. 了解实现零件关键尺寸工序质量控制所需的硬件设备,认识工序质量控制软件的几项基本功能——直方图、控制图、工序能力系数 C_p 值;

3. 试提出影响零件尺寸精度的几项主要因素,指出哪些属于系统误差,哪些属于随机误差。

二、实验仪器和设备

DC-TX-1工序质量分析仪和φ30mm被测零件。

三、实验原理

当一批零件被加工出来后,需要对成品零件按照图纸上所规定的技术要求,使用相应的检验工具(仪器),对其进行检查,获得的数据通常称为"质量特性值"。对这些数据加以处理分析,可以判断该零件是否合格以及工艺上存在的问题。为此首先需要配备相应的检测分析工具,作为一个例子,结合本实验,其硬件配置如图1-13所示。被测零件放在V型块上或平板上,由装在测微台(磁性表座)上的数字千分表读出该零件尺寸的偏差值,经接口卡及RS232接口,将数据输入计算机进行计算分析,并将分析结果进行显示。

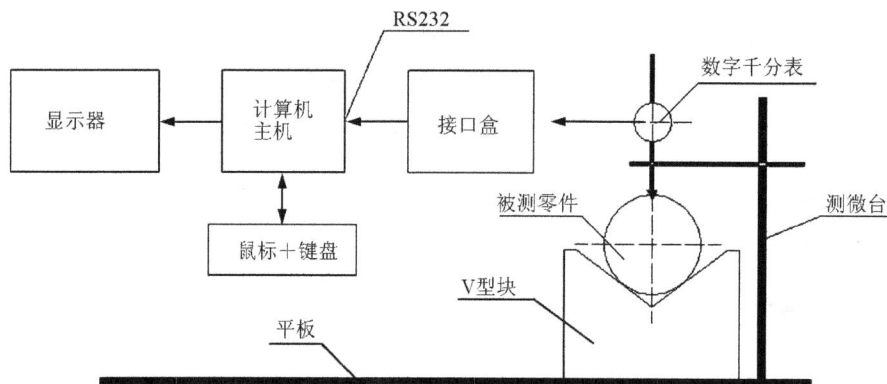

图1-13 工序质量控制实验硬件配置

四、实验方法和步骤

1. 搭建测量平台。将数字千分表装在测微台的正确位置上并固定,将被测零件置于V型块中,如图1-13所示。确定系统的硬件系统连接正确,接通计算机,确认系统的软件和硬件能够进行有效通信,即系统能够采集零件的数据信息。

2. 明确被测量零件如何进行抽样。每组样本有n=5个零件,共K=17组。抽取的零件分别装入标号为A、B、C……的铝盒中。现以A盒为例,内装有n×K=5×17=85个零件。按照加工顺序已事先对每个零件编上了号。例如第一个零件的编号为A01-01,第2个零件为A01-02,……,第5个零件的编号为A01-05,这是第一个样本组的5个零件的编号(n=5,K=1);接下来,第2个样本组(K=2)的5个零件的编号依次为A02-01、A02-02……,依此类推。实验时,只要按此顺序依次进行测量就可以了。

3. 为了准确地测量出零件尺寸值,必须在测量之前,使用"基准零件"对测量系统进行标定。将每盒样本中编号开头的第一个零件(A盒为A01-01)作为基准件,并事先将经精密测量过的基准直径值打印在该零件的表面上。标定过程的具体操作为:将已知的基准直径值输入计算机相应的栏目内(图1-14),然后把基准零件放在V型槽中,调整好数字千分表相对零件的位置,使数字千分表的测头尖正好接触到零件中部的最高点,并向上压移

0.5～1mm,此时表中显示的数字是个随机数,然后按下接口盒面上的"清零"按钮,使数字千分表清零。当换上待测的其他零件时,数字千分表上的读数将是该零件相对于基准件的偏差值,计算机会自动将该偏差值与基准件的精确值相加,这样就得到了该被测量零件的实际值。

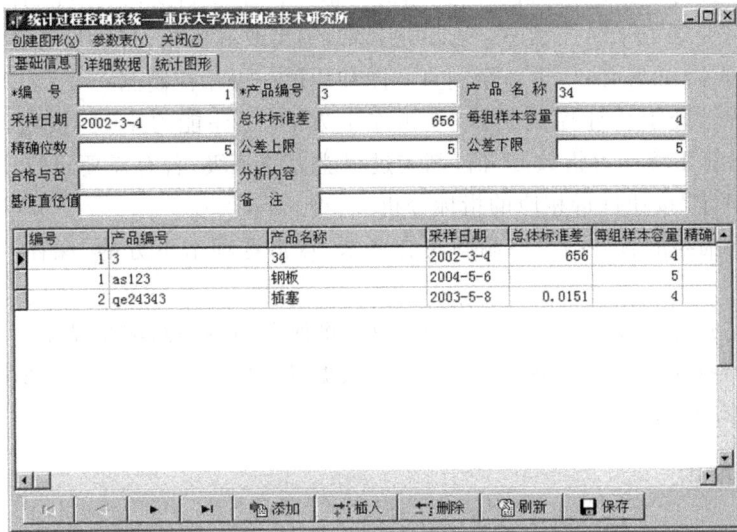

图 1-14　测量系统标定

4. 注意学会精密测量方法。零件尺寸的精密测量,其偏差数据的波动以微米计,稍不注意就会产生不可忽略的人为误差,因此在测量时要十分小心。首先,数字千分表在表架上的安装应当牢固,表杆应活动自如。录入被测量产品质量特性的基本信息并进行相应分析。其次,要说明,本实验所用的统计分析软件是从生产中实际使用的软件中抽取出来的一部分,由于该软件包含的内容很多,实验时请参考附录软件部分使用说明进行操作。其步骤如下:

（1）手工录入"编号""样本容量 n""精确位数""公差上限""公差下限""总体标准差""基准直径值""产品编号"等基础信息,这些信息是必须填写的基础信息,其中"基准直径值"在采用自动采集数据方式时必须录入,否则"基准直径值"采用默认值"零",将导致数据自动采集失败。基础信息需填写的内容意义如下:质量特性是每一组样本的数据点数量,每组样本容量可选择 2～10 的任一数值,根据实验的具体情况此处建议填写为5(注意:当采用自动采集方式采集样本数据时,"每组样本容量"应设为"5");"精确位数"用来确定采样数据点数值的精确位数,例如,设置精确位数为 2 时,录入数值 1.2345,根据四舍五入的规则取其结果为 1.23;"基准直径值"为标准件直径数值;"公差上限""公差下限"是被测量产品质量特性值的理论公差上、下限;"总体标准差"是理论标准差;"分析内容"是被测量产品的质量特性名称,例如,直径、长度等;"合格与否"是指被测量产品质量特性的历史记录是否合格,输入"是"或"否";"产品编号"指的是被测量产品质量特性的编号。

（2）点击"详细数据"选项卡,选择"数据自动采集",在将数字千分表和 V 形块及支架位置调整好以后,将样本容量为 5 的 17 组零件依次放在 V 形槽上进行测量,点击"数据采集"进行数据的自动记录过程。

（3）当17组零件测量全部完成时，点击"统计图形"选项卡进入"统计图形"页面，首先选择"绘制直方图"，并根据统计分析原理对所得图形进行分析。观察所测量的数据是否服从正态分布，数据是否超出了规格上、下限，数据均值是否与规格中心重合，通过上述分析，判断是否应对这批数据进行控制图分析。

（4）选择"绘制控制图"，绘制录入数据的均值—极差控制图；根据控制图中数据状态，分析该零件尺寸是否处于受控状态。若出现异常，提出改进措施；排除所有已被识别特殊原因影响的数据样本，如有必要，重新绘制直方图和均值—极差控制图。

（5）当过程已处于统计控制状态，点击左下方的［工序能力指数］按钮，并选择 $Del=R/(4d)$ 选项，计算工程能力指数 C_p 值，判定过程能力的等级；若有需要可点击"工序能力指数"页面上的［评定］按钮进行相应的指标分析。

（6）如果所描绘的直方图与控制图符合要求，点击选项卡下方的［保存］按钮将图片进行保存。

（7）实验完成后，需要进行实验报告的编写，将保存的每一组测量结果的图片插入到实验报告文档进行打印即可。如果需要打印实验数据，则可以在"详细数据"选项卡中点击［报表］按钮直接打印数据报表。

五、实验报告

1. 记录实验数据及分析实验结果。

2. 正常加工状态下加工的一批零件，其加工误差是什么分布？分布曲线的数学表达式是什么？

实验四　车刀几何角度测量实验

一、实验目的

1. 熟悉车刀切削部分的构造要素，根据车刀几何角度的定义测量车刀几何角度；

2. 了解车刀量角仪的结构，学会使用车刀量角仪测量车刀几何角度的方法。

二、实验仪器和设备

车刀量角仪和被测车刀。

三、实验原理

测量刀具几何角度的量具很多，如万能量角器、摆针式重力量角器、车刀量角仪等。车刀量角仪是测量车刀角度的专用量仪，它有很多种型式。本实验采用的是既能测量车刀主剖面参考系基本角度，又能测量车刀法剖面参考系基本角度的一种车刀量角仪，其结构如图1-15所示。圆形底盘的周边上刻有从0°起顺、逆时针两个方向各100°的刻度盘（3），其上面的支撑板可绕小轴转动，转动的角度由固连与支撑板上的指针指示出来。支撑板上的导块和滑块固定在一起,能在支撑板的滑槽内平行滑动。升降杆固定安装在圆形底盘上,它是一根矩形螺纹丝杠,其上面的升降螺母可沿导向块升降杆上的键槽上下滑动。在刻度盘(3)的外面用滚花手轮将角铁的一端锁紧在导向块上。当松开滚花手轮时,角铁以滚花手轮为轴,可以向顺、逆时针两个方向转动,其转动的角度用固定在角铁上的小指针在刻度盘(3)上指示出来。在角铁的另一端固定安装扇形刻度盘(2),其上安装着能顺时针转动的测量指针,并在刻度盘(2)上指示出转动的角度。

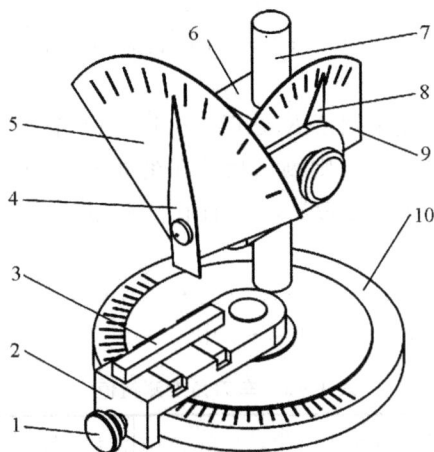

1. 滚花手轮;2. 支撑板;3. 导块;4. 测量指针;5. 刻度盘(1);6. 升降螺母;
7. 升降杆;8. 小指针;9. 刻度盘(2);10. 刻度盘(3)

图 1-15　车刀量角仪

当支撑板指针、小指针和测量指针都处于 0°时,测量指针的前面和侧面垂直于支撑板的平面,而测量指针的底面平行于支撑板的平面。测量车刀角度时,就是根据被测角度的需要,转动支撑板,同时调整支撑板上的车刀位置,再旋转升降螺母使导向块带动测量指针上升或下降后处于适当的位置。然后用测量指针的前面(或侧面或底面),与构成被测角度的面或线紧密贴合,从刻度盘(1)上读出测量指针指示的被测量角度数值。

四、实验方法及步骤

1. 校准车刀量角仪的原始位置。

2. 用车刀量角仪测量车刀的几何角度之前,必须先将车刀量角仪的测量指针、小指针和支撑板指针全部调整到零位,然后将车刀平放在支撑板上,其侧面紧贴导块侧面,我们称这种状态下的车刀量角仪位置为测量车刀标准角度的原始位置。

3. 主偏角 K_r 的测量:将刀具放在可转动的支撑板上,使车刀主刀刃和测量指针前面紧密贴合,此时支撑板指针在底盘刻度盘(3)上所指示的刻度数值,即为主偏角 K_r 数值。

4. 前角 γ_0 的测量:前角 γ_0 的测量是在车刀主刀刃的主剖面内进行的,首先将车刀量角仪位于测量主偏角 K_r 的位置上,使支撑板逆时针转动 90°或使支撑板指针从底盘 0°刻度逆时针转动(90°-K_r)刻度数值。此时,车刀主刀刃在基面上的投影恰好垂直于测量指针前面,然后用测量指针底边与通过车刀主刀刃上选定点的前刀面紧密贴合,则测量指针在刻度盘(1)上所指示的刻度数值,就是前角 γ_0 的数值。测量指针在 $0°$ 右边时为 $+\gamma_0$,测量指针在 $0°$ 左边时为 $-\gamma_0$。

5. 后角 α_0 的测量:后角 α_0 的测量与前角 γ_0 的测量都是在车刀主刀刃的主剖面内进行的,因此在测量完前角之后支撑板不需要调整,只需平移导块和车刀,使测量指针的侧面与通过车刀主刀刃上选定点的后刀面紧密贴合,此时测量指针在刻度盘(2)上所指示的刻度值,就是后角 α_0 的数值,测量指针在 $0°$ 左边为 $+\alpha_0$,测量指针在 $0°$ 右边为 $-\alpha_0$。

6. 副偏角 K_r' 的测量:参照测量主偏角 K_r 的方法,逆时针方向转动支撑板,使车刀副刀刃与测量指针的前面紧密贴合,此时支撑板指针在底盘刻度盘(3)上所指示的刻度数值为副偏角 K_r' 数值。

7. 刃倾角 λ_s 的测量:测完主偏角 K_r 之后,此时测量指针位于切削平面内,转动测量指针使其下边与车刀主刀刃紧密贴合,则测量指针在刻度盘(1)上所指示的刻度数值,就是刃倾角 λ_s 的数值。测量指针在 $0°$ 左边为 $+\lambda_s$,指针在 $0°$ 右边为 $-\lambda_s$。

五、实验报告

1. 将测得的车刀角度测量值填入表 1−2 中。

表 1−2　车刀角度测量值

刀具名称	前角 γ_0	后角 α_0	主偏角 K_r	副偏角 K_r'	刃倾角 λ_s
外圆车刀(车外圆)					
90°偏刀(车外圆)					
切断刀(切槽)					
弯头车刀(车外圆)					
弯头车刀(车端面)					
螺纹车刀(车螺纹)					

2. 按比例绘制所测外圆车刀视图,并将所测刀具角度标注在视图上。

3. 简述所测车刀的主要几何角度取值不同,对车削质量、车刀寿命有何影响。

实验五　先进制造演示实验

一、实验目的

本实验内容有:快速原型制造、激光加工、柔性制造系统、三坐标测量仪、电火花成型加工、加工中心的参观或演示实验。通过实验使学生熟悉快速原型制造技术的几何造型、STL 文件生成、快速成型设备参数设置,直至原型件的快速沉积成型的全过程;了解激光加工的原理,激光焊接、激光打孔和激光表面处理技术分析;了解 FMS 系统的组成、三坐标测量机的工作原理、加工中心的工作原理。让学生感受新制造技术的先进性,激发对新技术学习的热情。

二、实验内容

（一）快速原型制造技术

快速原型制造技术（rapid prototyping manufacturing，RPM）出现于 20 世纪 80 年代后期，源于美国，是世界制造技术领域的一次重大突破。RPM 是机械工程、计算机技术、数控技术以及材料科学等技术的集成，它能将已具数学几何模型的设计迅速、自动地物化为具有一定结构和功能的原型零件。

RPM 技术获得零件的途径不同于传统的材料去除或材料变形方法，而是在计算机控制下，基于离散/堆积原理采用不同方法堆积材料最终完成零件的成型与制造的技术。从成型角度看，零件可视为由点、线或面的叠加而成，即从 CAD 模型中离散得到点、面的几何信息，再与成型工艺参数信息结合，控制材料有规律、精确地由点到面，由面到体地堆积零件。从制造角度看，它根据 CAD 造型生成零件三维几何信息，转化为相应的指令传输给数控系统，通过激光束或其他方法使材料逐层堆积而形成原型或零件，无需经过模具设计制作环节，极大地提高了生产效率，大大地降低了生产成本，特别是极大地缩短了生产周期，被誉为制造业中的一次革命。

技术特征如下：

（1）高度柔性：快速原型制造技术的最突出特点就是柔性好，它取消专用工具，在计算机管理和控制下可以制造出任意复杂形状的零件，它可将编程、重组、连续改变的生产装备用信息方式集成到一个制造系统中。

（2）快速性：快速原型制造技术的一个重要特点就是其快速性。这一特点适合于新产品的开发与管理。

（3）自由形状制造：快速原型制造技术的这一特点是基于自由形状制造的思想。

（4）材料的广泛性：在快速原型制造领域中，由于各种快速原型制造工艺的成形方式不同，因而材料的使用也各不相同。

（二）激光加工实验

激光加工是一种重要的高能束加工方法，它是利用激光高强度、高亮度、方向性好、单色性好的特性，通过光学系统将激光束聚焦成尺寸极小、能量密度极高（可达 $10^4 \sim 10^{11}$ W/cm²）的光斑照射到材料上，使材料在极短的时间（<10s）内熔化甚至气化，从而达到加热和去除材料的目的。激光加工原理如图 1-16 所示。

激光束照射于金属表面，一部分被反射，其余部分被吸收。激光透入金属材料的深度，仅限于表面下 8~10cm 范围内。光子的能量主要被导电电子所吸收，电子气在 10~11s 内将能量传给晶格，引起金属表面温度升高。所以激光对金属的加热，可以看作是一种表面热源，在表面层光能转化为热能，热能向金属深处的传播遵循一般的热传导规律。金属对激光的吸收率随温度的升高而变化，在熔化温度时吸收率急剧增加。表面熔化后吸收率的增大，为激光焊接提供了有利条件。在固态时可使用表面涂层提高激光的吸收率。

在激光作用下金属表面的状态随激光加工的参数而变化。激光功率密度（10^2 W/mm²）较低时，金属表面主要产生温升相变现象；激光功率密度增大时，表面将熔化；激光功率密度进一步增大时，金属表面瞬时气化；激光功率密度更高时，表面附近的金属蒸气及气体变为等离子体,反而对激光起屏蔽作用。激光功率密度(10^9 W/mm^2)很大的脉冲激光作用于材料表面时,材料瞬时气化,气化粒子高速飞出对表面产生很大的反冲力,在材料中形成很强的冲击波,因而能使材料产生冲击硬化。采用不同的激光功率密度和作用时间,可以对金属进行各种不同的加工。在激光加工过程中,熔化的金属在保护气体作用下结晶凝固则形成焊缝,气化后的金属蒸气在辅助气体的吹力作用下离开被加工表面则形成割缝或孔洞。如果在加工过程中加入一定的粉末材料,使其和被加工工件表面部分材料熔合在一起,就可以得到高性能的熔覆层。

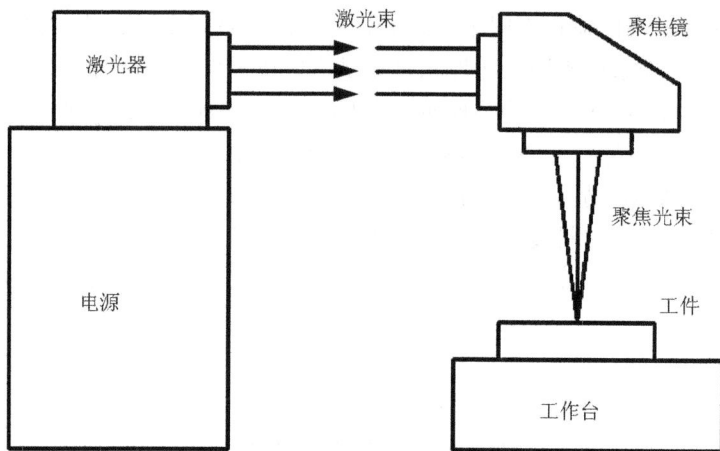

图 1-16　激光加工原理

(三)柔性制造系统

柔性制造系统是由统一的信息控制系统、物料储运系统和一组数字控制加工设备组成,能适应加工对象变换的自动化机械制造系统。柔性制造系统的发展趋势大致有两个方面:一方面是与计算机辅助设计和辅助制造系统相结合,利用原有产品系列的典型工艺资料,组合设计不同模块,构成各种不同形式的具有物料流和信息流的模块化柔性系统;另一方面是实现从产品决策、产品设计、生产到销售的整个生产过程自动化,特别是管理层次自动化的计算机集成制造系统,在这个大系统中,柔性制造系统只是它的一个组成部分。

三、实验要求

要求学生在实验之前预习实验报告,熟悉实验的基本理论和基本方法,熟悉设备的基本工作原理,按时参加实验和完成实验报告,实验中积极参与。

四、思考题

1. 简述快速原型制造技术的基本过程。
2. 简述激光加工的基本原理。
3. 简述激光加工机的组成。
4. 简述柔性制造系统的组成。
5. 简述柔性制造系统的特点和应用范围。

实验六　CA6140 车床结构剖析实验

一、实验目的

1. 了解 CA6140 车床的总体布局以及主要技术性能指标；

2. 了解 CA6140 车床的传动路线，理解传动过程中的变速原理；

3. 了解主轴箱、进给箱、溜板箱等主要箱体的内部结构，理解操纵机构的工作原理；

4. 了解 CA6140 车床上卡盘、刀架、尾座、挂轮架、丝杠和光杠等主要零部件的构造和功能，理解其工作原理。

二、实验设备及仪器

CA6140 车床、三爪卡盘、卡盘扳手、刀架扳手、尾座扳手、内六角扳手、活动扳手、卷尺。

三、实验原理和方法

通过现场教学与实验相结合的方式让学生对 CA6140 车床进行解剖、观察和分析，提高对机床的感性认识，加深对课堂所学理论知识的理解。重点认识和了解以下六个方面的内容。

（一）CA6140 普通车床的布局

CA6140 车床是一种中等精度的卧式车床，适合加工各种回转表面的轴类、筒类和盘类零件，也可以加工各种常用的公制螺纹、英制螺纹、模数螺纹和径节螺纹。CA6140 车床的加工精度适中，加工范围宽，通用性强，是一种最常用的机械加工设备。CA6140 车床的结构布局参见主教材，学生可以通过与实物对照，熟悉 CA6140 车床各部件的名称，了解各部件的功能及布局。

（二）CA6140 普通车床的主要技术性能指标

在本实验中，通过对车床进行实际测量或演示，了解车床的下述技术性能指标：

1. 床身上最大工件回转直径；

2. 刀架上最大工件回转直径；

3. 最大工件长度；

4. 最大车削长度；

5. 主轴内孔直径；

6. 主轴正转与反转的级数及范围；

7. 纵向与横向进给量的级数及范围；

8. 车削螺纹的种类及范围。

（三）CA6140 普通车床的主轴箱

主轴箱是车床中最重要的一个箱体部件，工作时工件的旋转运动和车刀的自动纵、横向进给运动都要通过主轴箱传递。了解车床的工作原理，首先应从了解主轴箱的工作原理开

始,对主轴箱的认识应着重从以下几个方面进行观察和了解:

1. 卸荷式带轮;

2. 双向片式摩擦离合器;

3. 变速操纵机构;

4. 主轴运动的传动路线;

5. 主轴箱内的润滑。

(四) CA6140 普通车床的进给箱

进给箱是调节自动进给速度和改变进给方向的专门部件。主轴转速确定之后,在选择与主轴转速相适配的自动进给速度和进给方向时,可通过调整进给箱的操纵机构来实现。对进给箱的认识,应着重了解进给箱传动路线和操纵机构的工作原理。进给箱里有三套操纵机构,它们分别是:基本组的操纵机构,增倍组的操纵机构,螺纹种类变换操纵机构及丝杠、光杠传动转换的操纵机构。

(五) CA6140 普通车床的溜板箱

溜板箱的主要功能是将光杠或丝杠的旋转运动转换为直线进给运动,并带动溜板和刀架实现纵向或横向快速移动,用于非加工状态下快速调整车刀位置。溜板箱内有纵向或横向进给操纵机构、换向机构、丝杠开合螺母机构、过载保护机构等。对溜板箱的认识应重点观察和了解以下几个方面:

1. 丝杠开合螺母机构;

2. 纵向、横向进给操纵机构;

3. 快速移动操纵机构;

4. 互锁机构;

5. 安全离合器。

(六) CA6140 普通车床的卡盘、刀架、尾座、挂轮架、丝杠和光杠

CA6140 普通车床的卡盘、刀架、尾座、挂轮架、丝杠和光杠是暴露在车床外边的部件,可以直接观察到。在观察卡盘、刀架、尾座、挂轮架的结构时可以适当拆卸上面的零件,以便更清楚地了解其工作原理。

四、实验任务

1. 观察 CA6140 车床整体结构,熟悉其各部件的名称,了解各部件的功能。

2. 了解 CA6140 车床的主要技术性能指标及实现原理。

3. 观察主轴箱双向片式摩擦离合器、齿形离合器和制动器的结构形式和工作原理。

4. 对照结构图辨别主轴箱内每根传动轴的轴号,观察它们的传动顺序。

5. 观察变速机构的工作原理,了解滑动齿轮的作用和操纵机构的工作原理。

6. 分别观察主轴高速正转、低速正转和反转时的传动路线,记录传动时经过的轴、齿轮,并分别计算传动比。

7. 观察进给箱内部结构,了解进给箱的传动路线及操纵机构的工作原理。

8. 观察溜板箱内部结构,了解光杠、丝杠的运动传递原理,纵向进给和横向进给的工作原理,以及刀架快速移动机构的工作原理。

五、实验步骤

1. 观察 CA6140 车床整体布局,熟悉各部件的名称,了解各部件的功能。

2. 用卷尺测量 CA6140 车床的结构尺寸,了解其尺寸性能指标。开机演示,了解其运动性能指标。

3. 打开主轴箱上盖,观察箱体内的双向片式摩擦离合器、齿形离合器和制动器的结构。分析操纵机构的工作原理。

4. 认真观察主轴箱内传动轴和传动齿轮的传动顺序,记录传动链的有关数据。

5. 打开进给箱前盖,观察箱体内传动轴和传动齿轮的传动顺序,观察操纵机构的原理。

6. 观察溜板箱内部结构,了解纵向进给和横向进给的工作原理,分析刀架快速移动机构的工作原理,了解溜板箱与纵向溜板的连接形式。

7. 观察卡盘、刀架、尾座、挂轮架、丝杠和光杠的结构。

8. 将车床按原状重新装好。

9. 计算已记录的主轴箱中传动链的传动比。

六、注意事项

1. 拆开车床时,如果车床带电,应先切断总电源,并挂"严禁送电"的警示标志。

2. 拆、装车床的零件时应在老师的指导下进行,注意安全,以免身体受伤。

3. 对车床的零件应轻拿轻放,以免零件受损。

4. 不要让任何物品掉进车床的箱体内。

七、实验报告

1. 绘制机床主要部件的机构简图。

2. 思考题。

(1) 变换车床主轴的正、反转向时,靠哪些零件或部件来实现?

(2) 主轴箱里参与调整主轴转速的滑移齿轮有多少个? 靠它们可改变多少种正转转速,多少种反转转速?

(3) 说明主轴箱中使用的斜齿轮在传递运动时的优点。

(4) 从主轴箱到进给箱的运动是由哪些零件传递的?

(5) 说明光杠与丝杠在使用上的区别。

第2章 机械设计课程实验

实验一 机构运动简图的测绘及分析

一、实验目的

1. 熟悉机构运动简图的绘制方法,掌握从实际机构中测绘机构运动简图的技能;
2. 巩固分析机构结构原理及自由度计算方法;
3. 加深理解平面四杆机构的演化过程及验证曲柄存在条件。

二、实验设备及工具

1. 测绘用机构实物模型。
2. 测量用尺、圆规、铅笔及草稿纸等。

三、实验原理

机构运动简图的常用符号见表2-1和表2-2。机构各部分的运动,是由其原动件的运动规律、该机构中各运动副的类型(高副、低副、转动副、移动副等)和机构的运动尺寸来决定的,而与构件的外形、断面尺寸、组成构件的零件数目及固联方式等无关。所以,只要根据机构的运动尺寸,按一定的比例尺定出各运动副的位置,就可以用运动副的代表符号和简单的线条把机构的运动简图作出来。

正确的机构运动简图中各构件的尺寸、运动副的类型和相对位置以及机构组成形式应与原机构保持一致,从而保证机构运动简图与原机构具有完全相同的运动特性,以便根据该图对机构进行运动及动力分析。所谓机构运动简图就是从运动的观点出发,用规定的符号和简单的线条按一定的尺寸比例来表示实际机构的组成及各构件间相对运动关系。

四、实验方法和步骤

(一)分析机构的实际构造和运动情况

选原动件并缓慢转动,根据各构件之间有无相对运动,分清机构是由哪些构件组成的;按照机构运动的传递顺序,仔细观察各构件之间相对运动的性质,从而确定运动副的类型和数目。

(二)合理选择投影面和原动件位置,作机构示意图

选择恰当的投影面,一般选择与大多数构件的运动平面相平行的平面为视图平面;合理

选择原动件的一个位置,以便简单清楚地将机构的运动情况正确地表达出来。撇开各构件的具体结构形状,找出每个构件上的所有运动副,用简单的线条连接该构件上的所有运动副元素来表示每一个构件。即用简单的线条和规定符号来代表构件和运动副,从而在所选投影面上作出机构的示意图。

表 2－1　机构运动简图的常用符号(一)

	两运动构件构成的运动副	两构件之一为固定构件时的运动副
转动副	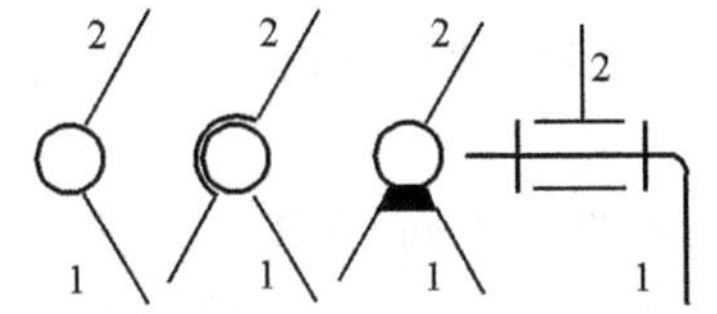	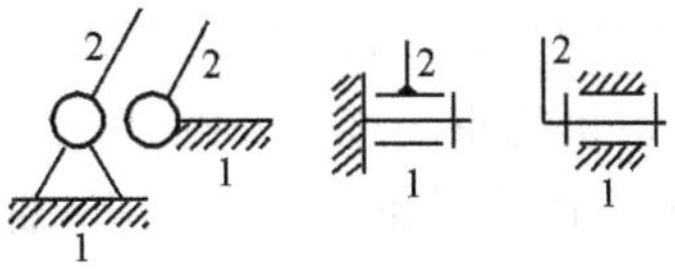
移动副	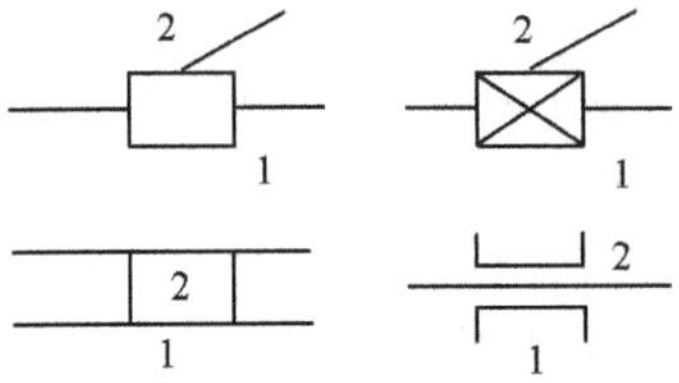	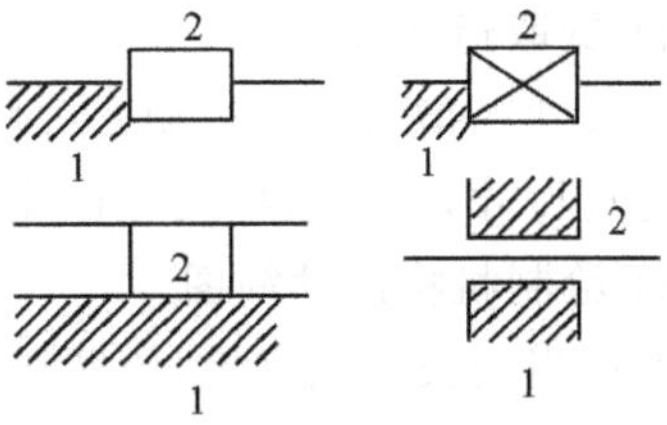
平面高副	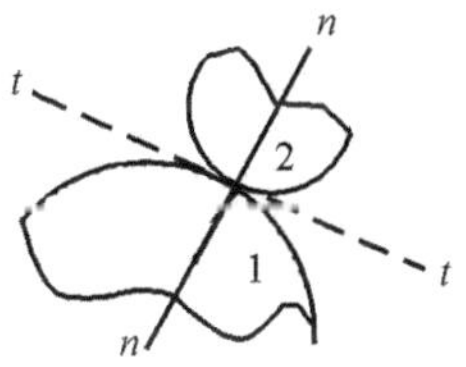	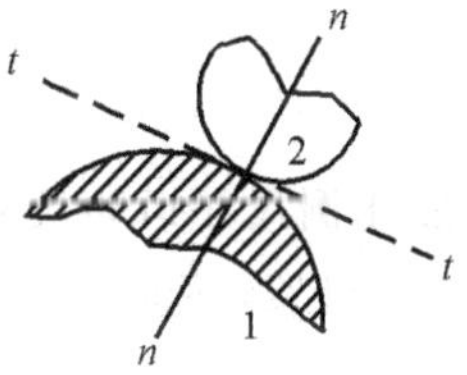

表 2－2　机构运动简图的常用符号(二)

	两副构件	三副构件	多副构件
构件			
	凸轮机构	外齿轮机构	蜗杆蜗轮机构
机构	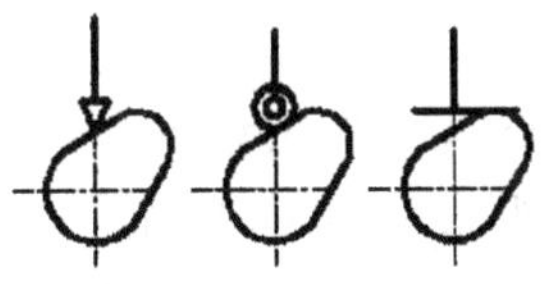	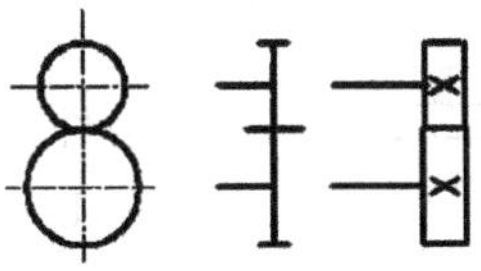	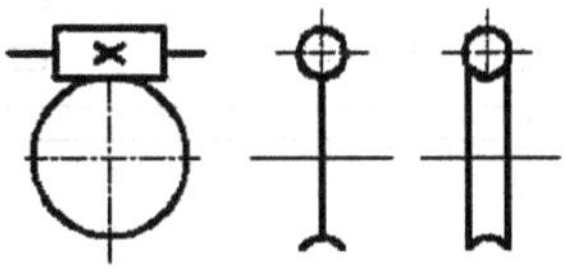

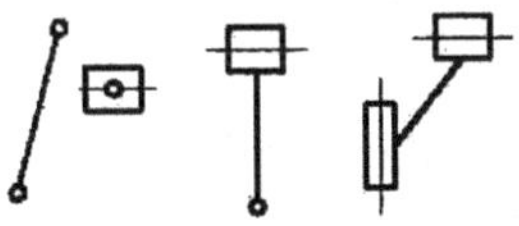

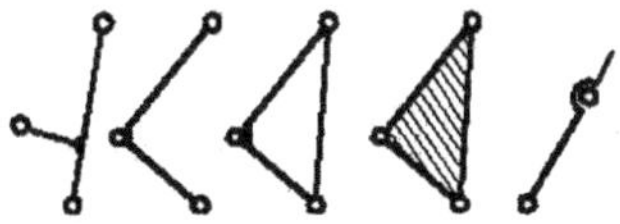

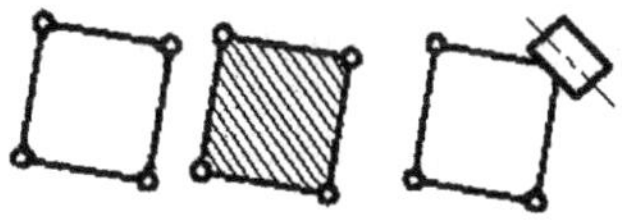

（三）计算机构的自由度并检验机构示意图是否正确

1. 机构自由度计算公式：

$$F=3n-2P_L-P_H$$

式中：n——机构活动构件数；

P_L——平面低副个数；

P_H——平面高副个数。

2. 核对计算结果

机构具有确定运动的条件为：机构的自由度大于零且等于原动件数。因本实验中各机构模型均具有确定的运动，故各机构计算自由度应与其原动件数相同，否则说明所作示意图有误，应对机构重新进行分析、作示意图。

注意：转动副和移动副虽同为低副，但因其运动性质不同，在作示意图时一定不能混淆互换。但是单独通过自由度计算，不能发现转动副与移动副相混淆的错误情况，故应将所作图中的各运动副类型与原机构进行逐一核对检查。

（四）量取运动尺寸

运动尺寸是指与机构运动有关的、能确定各运动副相对位置的尺寸。在原机构上量取机构的运动尺寸，并将这些尺寸标注在机构示意图上。

（五）绘制机构运动简图

选取适当的长度比例尺，依照机构示意图，按一定顺序进行绘图，并将比例尺标注在图上，即为机构运动简图。

长度比例尺的意义如下：

$$\mu=\frac{图示长度}{实际长度}$$

（六）标注比例尺和运动尺寸

画斜线表示机架，在原动件上画箭头表示运动方向。

五、实验示例

绘制出偏心轮机构的运动简图，并计算其自由度。

1. 选择手柄作为原动件并缓慢转动，根据各构件之间有无相对运动，分清机构是由哪些构件组成的。在图 2-1 中，机构由 1—机架，2—手柄（即曲柄，本例中取为原动件），3—连杆，4—滑块（即从动件）组成。

2. 从原动件开始，按照机构运动的传递顺序，仔细观察各构件之间相对运动的性质，确定运动副的类型和数目。在图 2-1 中，曲柄 2 为原动件，则运动传递顺序为：曲柄 2、连杆 3、滑块 4。回转件的回转中心是相对回转表面的几何中心，而构件 2 可以绕构件 1 的偏心轴 A 作相对转动，故构件 3 与构件 2 在 B 点处也组成转动副；构件 4 与构件 3 在 C 点处又组成转动副；构件 4 沿 X-X 方向在构件 1

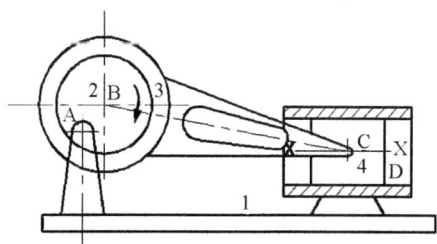

图 2-1　偏心轮机构

上作相对直线运动,组成移动副。

3. 合理选择原动件的一个位置,以便简单清楚地将机构的运动情况正确地表达出来,如图 2-2 所示,用规定的符号和简单的线条画出机构的示意图。

4. 计算机构自由度。

(1) 机构自由度计算公式:

$$F = 3n - 2P_L - P_H$$

本例所作示意图中,$n = 3$,$P_L = 4$,$P_H = 0$,代入上式得

$$F = 3n - 2P_L - P_H = 3 \times 3 - 2 \times 4 - 0 = 1$$

(2) 核对计算结果:观察各构件的运动可知该

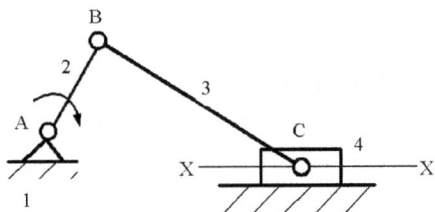

图 2-2　偏心轮机构运动简图

机构的运动是确定的,则机构的自由度应大于零且等于原动件数,由计算得 $F = 1 =$ 原动件数,从而验证以上所作机构示意图的正确性。

5. 量取运动尺寸。

在构件 2、3 上分别量取两相邻转动副中心之间的距离 L_{AB}、L_{BC};量取转动副 A 到滑块运动轨迹 X-X 之间的距离,并将所量尺寸标注在机构示意图上。

6. 作图。

六、实验报告

1. 测绘四个机构模型并绘出机构运动简图,格式如下:

(1) 机构名称;

(2) 比例尺;

(3) 机构自由度 F 计算;

(4) 机构运动简图。

2. 思考题。

(1) 分析机构运动简图应包括哪些内容。

(2) 原动件选取不同、原动件位置不同对绘制机构运动简图有什么影响? 在绘制机构运动简图时,应标注哪些尺寸?

(3) 对四杆机构,验证曲柄存在的条件。

(4) 据上述原理进行机构运动简图测绘,说明它是什么类型机构,如何演化而成。

实验二　机构陈列示范室现场教学

一、实验目的

1. 进一步认识机构的组成规律:

(1) 构件:机架、活动构件、原动件、从动件、执行件。

(2) 运动副:平面副、空间副、高副、低副、回转副、移动副。

2．加深对常用机构的类型、组成及运动特点的理解；

3．熟悉常用机构的应用实例。

二、实验设备

机构陈列示范室是为了加强学生对机构的直观认识，配合机械原理课程理论教学设置的。机构陈列示范室由 14 个示教板组成。陈列有平面连杆机构、凸轮机构、齿轮机构和间歇运动机构等四大类共 100 余个常用机构模型，并配有文字说明和运动简图。可实现点动或顺序控制运动演示，具有形象、直观的特点。

三、实验要求

1．认真观察机构陈列中各板内容。

2．在各板中挑选一个机构，绘制机构简图，并分析说明其工作原理。

3．回答思考题。

四、思考题

（一）第一板　机器与机构

什么是机器？什么是机构？什么是运动副？

（二）第二板　平面连杆机构的基本形式

1．四杆机构相对其他机构在运动转换上有什么特点？从中体会其被广泛地应用于自动化操作及工程运输机械中的原因。

2．铰链四杆机构变更机架之后，有时会改变连架杆的运动形式（摆动变转动或相反）。试问在变更机架前后，两根相连杆之间的相对运动关系改变了没有？如果连架杆相对于机架能转动 360°时，各杆长度间有什么关系？

3．已知一曲柄摇杆机构，如何确定其摇杆的两极限位置？

4．铰链四杆机构有哪几种基本形式？

（三）第三板　平面连杆机构的应用

1．机器用运动简图表达后，运动简图表示的运动与实际机器的运动是否相当？欲使两者运动相当的关键条件是什么？

2．总结一下铰链四杆机构有哪些特征被工程上所采用？

（四）第四板　凸轮机构的基本型式

1．凸轮机构由哪些构件组成？凸轮机构的类型有几种？有哪些运动形式？

2．凸轮机构能否变更机架？其运动形式有何变化？

3．凸轮机构在运动、动力传递上有何特点？为什么凸轮机构被广泛应用在各种自动化机械上？

4．凸轮的廓线是根据从动件运动要求确定的，当廓线倾斜到何种程度时将推不动从动件（自锁）？这时应采取什么措施？

5．从动件的型式有哪几种？各适用于什么场合？

（五）第五板　齿轮机构的基本类型

齿轮机构有哪几种形式？传动轴线的特点是什么？

（六）第六板　常用齿廓曲线的形成及渐开线齿轮的基本参数、齿轮各部分名称

1. 从实际齿轮的形状出发，指出各部分的名称、尺寸及其与基本参数之间的关系。

2. 齿轮的模数相同、齿数不同时，分度圆齿厚是否相同？

3. 齿轮的模数相同、齿数相同时，分度圆齿厚是否相同？

4. 齿轮的模数与齿数之积相同时，分度圆齿厚是否相同？为什么？渐开线形状是否相同？为什么？

（七）第七板　轮系

1. 什么叫周转轮系？如何在混合轮系中划分出周转轮系？

2. 周转轮系有哪些特性被用在机器之中？

3. 何为行星轮系？何为差动轮系？何为周转轮系的转化轮系？

4. 惰轮的作用是什么？

（八）第八板　间歇运动机构

1. 运动副形状或运动副位置作怎样的配置，才能形成间歇运动机构？

2. 间歇运动机构在机器中有哪些应用？

3. 常见的间歇运动机构有哪几种？它们的名称叫什么？

五、实验报告

1. 在各板中挑选一个机构（5 种以上），绘制机构简图，并分析说明其工作原理。

2. 回答各思考题（任挑 5 题）。

实验三　机械零件现场教学

一、实验目的

机械零件现场教学是"机械设计"课程教学中的重要的实践环节。通过观察现场陈列的各种典型的机械零件、部件，结合文字注释，并参照教科书有关内容，通过讨论，回答填空、思考题的过程，达到增加对课程研究对象的感性认识、加深对所研究问题的理解的目的，为学好"机械设计"课程打下良好的基础。

二、实验设备

在机械零件陈列室内，共陈列了十四柜（约 450 件）典型的机械零件、部件以及二十几台各种减速器，几乎包括了"机械设计"课程研究的全部内容，它实际上是一直观的实物教材，陈列内容有：

1. 标准紧固件：各种螺栓、螺钉、螺母、垫圈、挡圈、销钉、铆钉等。

2. 联接：各种平键、半圆键、花键、销、键联接方式、花键联接方式、无键联接方式、铆接方式、焊接方式、铰接方式，等。

3. 带传动：陈列出了带传动的类型、常见带的类型、带轮的结构、带的张紧方式以及带的受力分析图等。

4. 链传动：陈列出了链传动的类型、链传动的运动特性分析图、链轮的结构、链传动的张紧方式等。

5. 蜗轮蜗杆传动：陈列出了蜗杆传动的类型、蜗杆的结构和蜗轮的结构等。

6. 齿轮传动：陈列出了齿轮传动的基本类型、齿轮的结构和齿轮的失效形式及受力分析等。

7. 轴的分析与设计：陈列出了几种常见轴的类型、轴上零件的定位形式以及轴的结构设计的步骤等。

8. 滑动轴承：陈列出了向心滑动轴承的类型、推力滑动轴承的类型、滑动轴承各种轴瓦的结构以及滑动轴承的几种密封方式等。

9. 滚动轴承：陈列出了滚动轴承的几种基本结构类型、各类轴承及其代号以及失效和拆卸、轴承装置的典型结构等。

10. 联轴器：各类联轴器共 16 个。

11. 离合器：各类离合器共 11 个。

12. 弹簧：各种板簧、拉簧、压簧、碟簧、扭簧以及典型结构等。

13. 密封：各种密封类型、密封件、密封装置结构及应用等。

14. 齿轮减速器：圆柱齿轮减速器结构、圆锥齿轮减速器结构、蜗杆齿轮减速器结构以及电动机齿轮减速器结构等。

三、实验方法及要求

1. 现场教学方式以学生观察、自学为主，教师辅助答疑为辅，并进行讨论、分析，因此是开放的教学形式。同学们可以利用课余时间来陈列室参观。

2. 可根据教学时间的不同，选择回答思考题。例如在讲绪论部分时来陈列室参观，则可回答前面部分的概念性的、建立宏观印象的思考题；而在讲课过程中或进行复习时来陈列室参观，则应对照回答后面的部分较为深入内容的思考题。

3. 在观察过程中，应着重了解：

(1) 机械零、部件的类型、结构，掌握其特点和应用。

(2) 机械零件的工作原理，为深入理解机械零件设计的理论知识打下基础。

(3) 观察零件的失效形式，掌握机械零件的设计准则。

(4) 加深对标准件如滚动轴承、螺纹等零件的理解，为正确选用零件打好基础。

四、思考题

1. 试分析自行车中用到的专用零件和通用零件有哪些。

2. 试分析带传动、链传动、齿轮传动的相同点和不同点是什么。

3. 常用的联接方式有几种？分别举例说明。

实验四　机械运动参数测定和分析

一、实验目的

1. 了解位移、速度、加速度的测定方法；角位移、角速度、角加速度的测定方法；转速及回转不匀率的测定方法；

2. 通过实验，初步了解"QTD-Ⅲ型组合机构实验台"及光电脉冲编码器、同步脉冲发生器(或称角度传感器)的基本原理，并掌握它们的使用方法。

二、实验仪器和设备

QTD-Ⅲ曲柄滑块、导杆、凸轮组合实验台(图 2-3)。

主要技术参数：

1. 曲柄长度可调范围：25～45mm；

2. 滑块偏置可调范围：±5mm；

3. 连杆长度可调范围：30mm；

4. 导杆摆角范围：40°左右；

5. 凸轮廓线升程：30mm；

6. 凸轮滚子从动件偏置调节范围：±5mm；

7. 光电脉冲编码器一个：输出电压，5V，脉冲数，1000P；

8. 同步脉冲发生器一个：180 脉冲/每周；

9. 电机额定功率：$P=100$W；

10. 电机转速：0～2000r/min；

11. 电源：220V 交流/50Hz；

12. 外形尺寸：500mm×380mm×230mm；

13. 质量：30kg。

图 2-3　QTD-Ⅲ曲柄滑块、导杆、凸轮组合实验台

三、实验原理

1. 组合实验装置，拆装实验台上少量零部件可组成：曲柄滑块机构、曲柄导杆机构、平底直动从动件凸轮机构、滚子直动从动件凸轮机构等(图 2-4、图 2-5、图 2-6)。每一种机构的机构参数都可以在一定范围内调整，如：曲柄长度、滚子偏心、曲柄转速等。

2. 可得到机构运动过程中的位移、速度、加速度动态曲线，且机构位移、速度、加速度之间的转换，可通过计算机软件来完成。

3. 实验系统可得到以时间 t 为横坐标的机构运动曲线图和以曲柄转角为横坐标的机构运动曲线图。

4. 装有同步脉冲发生器，可非接触测量曲柄的转速，还可以计算测试时间内曲柄转速的最大值、最小值、平均值,以及机构回转不均率。

5. 能够动画演示以上机构的运动:在实验系统软件中,编制实验中四种典型机构的"动画演示"功能。在动画演示页面中,根据当前机构的实际尺寸手工输入相关参数(如曲柄转速、曲柄长度、连杆长度等),确认后,计算机便会模拟当前机构动画演示其运动,得出相关运动参数。

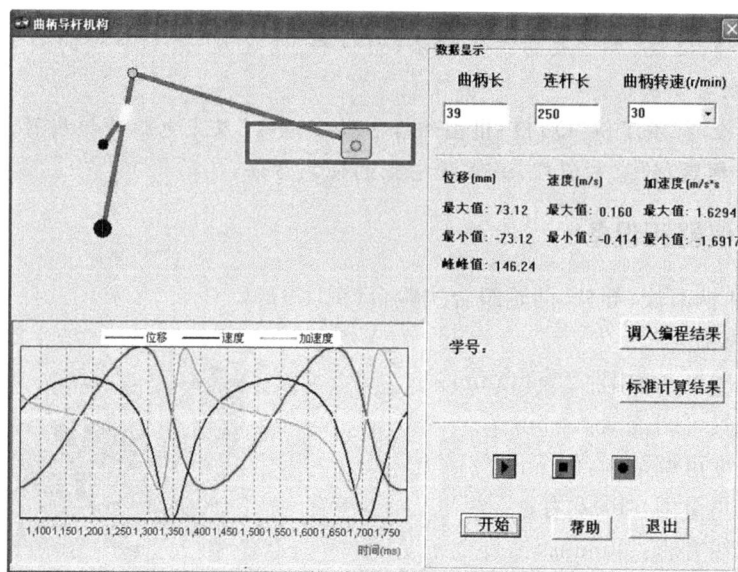

图 2-4 曲柄导杆机构

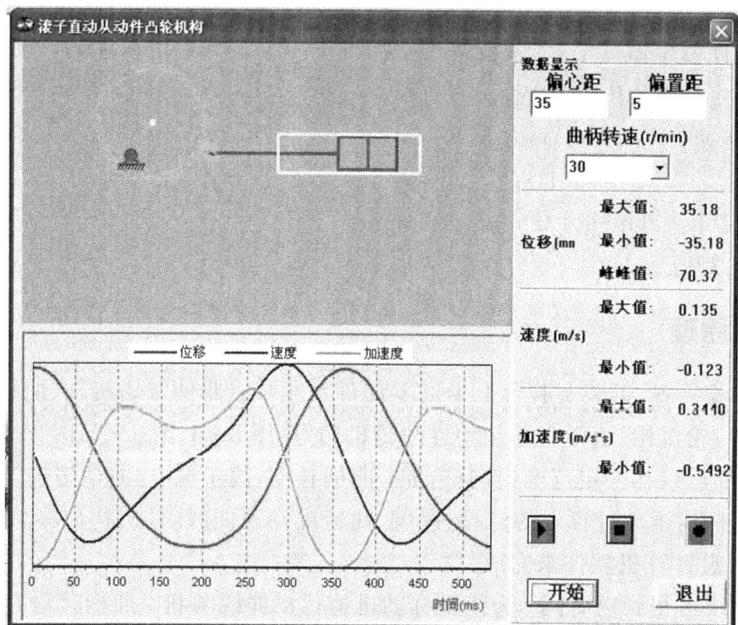

图 2-5 滚子直动从动件凸轮机构

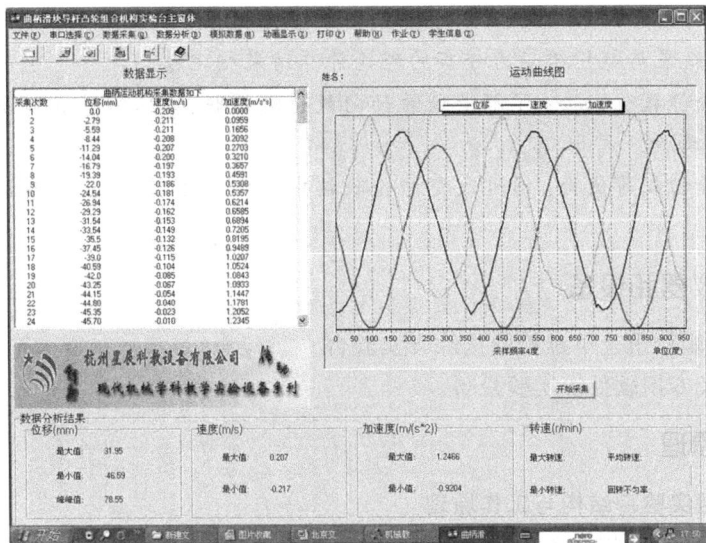

图 2-6　曲柄滑块导杆凸轮组合机构

四、实验内容

1. 通过实验，了解位移、速度、加速度的测定方法；转速及回转不均率的测定方法；

2. 通过实验，初步了解"QTD-Ⅲ型组合机构实验台"及光电脉冲编码器、同步脉冲发生器（或称角度传感器）的基本原理，并掌握它们的使用方法；

3. 通过比较理论运动曲线与实测运动曲线的差异，分析其原因，增加对运动速度，特别是加速度的感性认识；

4. 比较曲柄滑块机构与曲柄导杆机构的性能差别；

5. 检测凸轮直动从动杆的运动规律；

6. 比较不同凸轮廓线或接触副对凸轮直动从动杆运动规律的影响。

五、实验报告

1. 选用实验机构名称及机构运动简图。

2. 给出实测曲线。

3. 根据两种机构中滑块的位移、速度、加速度的实际变化情况，分析两种机构中滑块的运动规律及特点（有无急回特性、有无冲击）。

实验五　螺栓联接综合实验

一、实验目的

1. 螺栓组试验：

（1）了解托架螺栓组受翻转力矩引起的载荷对各螺栓拉力的分布情况；

（2）根据拉力分布情况确定托架底板旋转轴线的位置；

（3）将实验结果与螺栓组受力分布的理论计算结果相比较。

2. 单个螺栓静载荷试验：了解受预紧轴向载荷螺栓联接中，零件相对刚度的变化对螺栓所受总拉力的影响。

3. 单个螺栓动载荷试验：通过改变螺栓联接中零件的相对刚度，观察螺栓中动态应力幅值的变化。

二、实验仪器和设备

1. LSC-Ⅱ螺栓组及单螺栓联接综合实验台。

2. 计算机及专用软件等实验设备。

三、实验原理

（一）螺栓组实验台结构与工作原理

螺栓组实验台的结构如图2-7所示。图中1为托架，在实际使用中多为水平放置，为了避免由于自重产生力矩的影响，在本试验台上设计为垂直放置。托架以一组螺栓3联接于支架2上。加力杠杆组4包含两组杠杆，其臂长比均为1∶10，则总杠杆比为1∶100，可使加载砝码6产生的力放大到100倍后压在托架支承点上。螺栓组的受力与应变转换为粘贴在各螺栓中部应变片8的伸长量，用变化仪来测量。应变片在螺栓上相隔180°粘贴两片，输出串接，以补偿螺栓受力弯曲引起的测量误差，引线由孔7中接出。

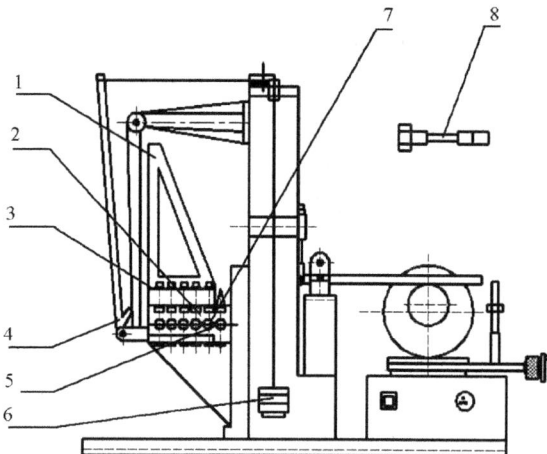

1. 托架；2. 支架；3. 螺栓组；4. 加力杠杆组；5. 螺栓编号；
6. 加载砝码；7. 引线孔；8. 应变片；

图2-7　螺栓组实验台

加载后，托架螺栓组受到一横向力及力矩，与接合面上的摩擦阻力相平衡。而力矩则使托架有翻转趋势，使得各个螺栓受到大小不等的外界作用力。根据螺栓变形协调条件，各螺栓所受拉力 F（或拉伸变形）与其中心线到托架底版翻转轴线的距离 L 成正比，即

$$\frac{F_1}{L_1} = \frac{F_2}{L_2}$$

式中：F_1，F_2——安装螺栓处由于托架所受力矩而引起的力(N)；

　　　　L_1，L_2——从托架翻转轴线到相应螺栓中心线间的距离(mm)。

本试验台中第 2、4、7、9 号螺栓下标为 1；第 1、5、6、10 号螺栓下标为 2；第 3、8 号螺栓距托架翻转轴线距离为零($L=0$)。根据静力平衡条件得

$$M = Qh_0 = \sum_{i=1}^{i=10} F_i L_i$$

$$M = Qh_0 = 2 \times 2F_1 L_1 + 2 \times 2F_2 L_2 (\text{N} \cdot \text{mm})$$

式中：Q——托架受力点所受的力(N)；

　　　h_0——托架受力点到接合面的距离(mm)，见图 2-8。

本实验中取 $Q=3500\text{N}$；$h_0=210\text{mm}$；$L_1=30\text{mm}$；$L_2=60\text{mm}$。

则第 2、4、7、9 号螺栓的工作载荷为

$$F_1 = \frac{Qh_0 L_1}{2 \times 2(L_1^2 + L_2^2)}$$

第 1、5、6、10 号螺栓的工作载荷为

$$F_2 = \frac{Qh_0 L_2}{2 \times 2(L_1^2 + L_2^2)}$$

(二) 螺栓预紧力的确定

本实验是在加载后不允许联接接合面分开的情况下来预紧和加载的。联接在预紧力的作用下，其接合面产生挤压应力为

$$\sigma_p = \frac{ZQ_0}{A}$$

悬臂梁在载荷 Q 力的作用下，在接合面上不出现间隙，则最小压应力为

$$\frac{ZQ_0}{A} - \frac{Qh_0}{W} \geqslant 0$$

式中：Q_0——单个螺栓预紧力(N)；

　　　Z——螺栓个数，$Z=10$；

　　　A——接合面面积，$A=a(b-c)(\text{mm})^2$；

　　　W——接合面抗弯截面模量，

$$W = \frac{a^2(b-c)}{b} \quad (\text{mm}^3)$$

上式中，$a=160\text{mm}$；$b=105\text{mm}$；$c=55\text{mm}$。

因此，$Q_0 \geqslant \dfrac{6Qh_0}{Za}$

为保证一定安全性，取螺栓预紧力为

$$Q_0 = (1.25 \sim 1.5)\frac{6Qh_0}{Za}$$

再分析螺栓的总拉力 Q_i，在翻转轴线以左的各螺栓(4、5、9、10 号螺栓)被拉紧，轴向拉力增大，其总拉力为

$$Q_i = Q_0 + F_i \frac{C_L}{C_L + C_F}$$

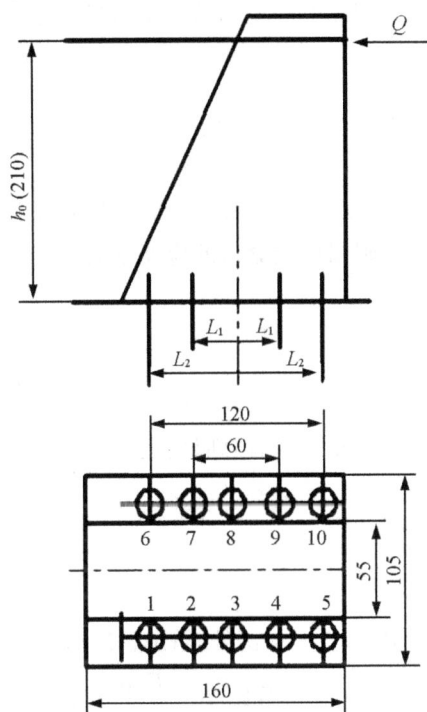

图 2-8　螺栓组的布置

或
$$F_i = (Q_i - Q_0)\frac{C_L + C_F}{C_L}$$

在翻转轴线以右的各螺栓(1、2、6、7号螺栓)被放松,轴向拉力减小,总拉力为

$$Q_i = Q_0 - F_i\frac{C_L}{C_L + C_F}$$

或
$$F_i = (Q_0 - Q_i)\frac{C_L + C_F}{C_L}$$

式中:$\dfrac{C_L}{C_L + C_F}$——螺栓的相对刚度;

C_L——螺栓刚度;

C_F——被联接件刚度。

螺栓上所受到的力是通过测量应变值而计算得到的,根据虎克定律:

$$\varepsilon = \frac{\sigma}{E}$$

式中:ε——应变量;

σ——应力(MPa);

E——材料的弹性模量,对于钢材,取 $E = 2.06 \times 10^5$ MPa。

则螺栓预紧后的应变量为

$$\varepsilon_0 = \frac{\sigma_0}{E} = \frac{4Q_0}{E\pi d^2}$$

或
$$Q_0 = \frac{E\pi d^2}{4}\varepsilon_0 = K\varepsilon_0$$

螺栓受载后总应变量为

$$\varepsilon_i = \frac{\sigma_i}{E} = \frac{4Q_i}{E\pi d^2}$$

或
$$Q_i = \frac{E\pi d^2}{4}\varepsilon_i = K\varepsilon_i$$

式中:d——被测处螺栓直径(mm);

K——系数,$K = \dfrac{E\pi d^2}{4}$(N)。

因此,可得到螺栓上的工作压力在翻转轴线以左的各螺栓(4、5、9、10号螺栓)的工作拉力为

$$F_i = K\frac{C_L + C_F}{C_L}(\varepsilon_i - \varepsilon_0)$$

在翻转轴线以右的各螺栓(1、2、6、7号螺栓)的工作拉力为

$$F_i = K\frac{C_L + C_F}{C_L}(\varepsilon_0 - \varepsilon_i)$$

(三)单螺栓试验台结构及工作原理

单螺栓试验台部件的结构如图2-9所示。旋动调整螺帽1,通过螺杆2与加载杠杆8,即可使吊耳3受拉力载荷,吊耳3下有垫片4,改变垫片材料可以得到螺栓联接的不同相对刚度。吊耳3通过被试验单螺栓5、紧固螺母6与机座7相联接。电机9的轴上装有偏心轮10,当电机轴旋转时由于偏心轮转动,通过杠杆使吊耳和被试验单螺栓上产生一个动态拉力。吊耳3

与被试验单螺栓 5 上都贴有应变片,用于测量其应变大小。调节丝杆 12 可以改变小溜板的位置,从而改变动拉力的幅值。

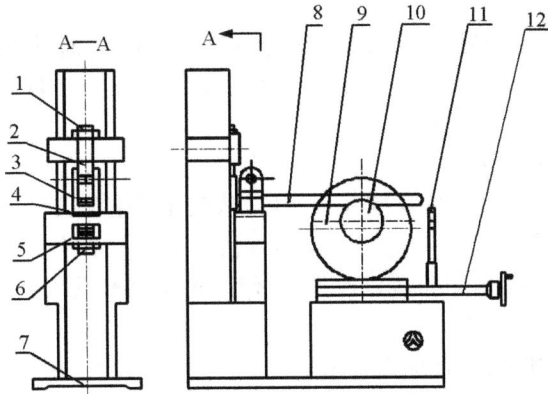

1. 调整螺帽;2. 螺杆;3. 吊耳;4. 垫片;5. 螺栓;6. 螺母;
7. 机座;8. 加载杠杆;9. 电机;10. 偏心轮;11. 顶杆;12. 调节丝杆

图 2-9 单个螺栓试验台

四、实验方法和步骤

(一) 螺栓组试验

1. 在实验台螺栓组各螺栓不加任何预紧力的状态下,将各螺栓对应的半桥电路引线(1~10号线)按要求接入所选用的应变仪相应接口中,并按应变仪使用说明书进行预热(一般为 3min)并调平衡。计算每个螺栓所需的预紧力 Q_0,并计算出螺栓的预紧应变量 ε_0。

2. 按公式计算每个螺栓的工作拉力 F_i。

3. 将结果填入表 2-3 中。

4. 逐个拧紧螺栓组中的螺母,使每个螺栓具有预紧应变量 ε_0,注意应使每个螺栓的预紧应变量 ε_0 尽量一致。

5. 对螺栓组联接进行加载,加载 3500N,其中砝码连同挂钩的重量为 3.754kg。停歇 2min 后卸去载荷,然后再加上载荷,在应变仪上读出每个螺栓的应变量 ε_i,重复做 3 次,取 3 次测量值的平均值为实验结果。

6. 画出实测的螺栓应力分布图。

7. 用机械设计中的计算理论计算出螺栓组联接的应变图,与实验结果进行对比分析。

(二) 单个螺栓静载荷实验

1. 旋转调节丝杆 12 摇手移动小溜板至最外侧位置。

2. 旋转紧固螺母 6,预紧被试螺栓 5,预紧应变为 $\varepsilon_1 = 500\mu\varepsilon_0$。

3. 旋动调整螺帽 1,使吊耳上的应变片(12 号线)产生 $\varepsilon = 50\mu\varepsilon$ 的恒定应变。

4. 改变用不同弹性模量的材料的垫片,重复上述步骤,记录螺栓总应变 ε_0。

5. 用下式计算相对刚度 C_e,并作不同垫片结果的比较分析。

$$C_e = \frac{\varepsilon_0 - \varepsilon_1}{\varepsilon} \times \frac{A'}{A}$$

式中:A——吊耳测应变的截面面积,本试验中 A 为 224mm^2;

A'——试验螺杆测应变的截面面积,本试验中 A' 为 50.3mm²。

(三)单个螺栓动载荷试验

1. 安装钢制垫片。

2. 将被试螺栓 5 加上预紧力,预紧应变仍为 $\varepsilon_1 = 500\mu\varepsilon$(可通过 11 号线测量)。

3. 将加载偏心轮转到最低点,并调节调整螺母 1,使吊耳应变量 $\varepsilon = 5\sim10\mu\varepsilon$(通过 12 号线测量)。

4. 开动小电机,驱动加载偏心轮。

5. 分别将 11 号线、12 号线信号接入示波器,从荧光屏上的波形线分别估计地读出螺栓的应力幅值和动载荷幅值。也可用毫安表读出幅值。

6. 换上环氧垫片,移动电机位置以改变钢板比,调节动载荷大小,使动载荷幅值与用钢垫片时相一致。

7. 再估计地读出此时的螺栓应力幅值。

8. 做不同垫片下螺栓应力幅值与动载荷幅值关系的对比分析。

9. 松开各部分,卸去所有载荷。

10. 校验电阻应变仪的复零性。

根据实验记录数据,绘出螺栓组工作拉力分布图,确定螺栓联接翻转轴线位置。

五、实验报告

1. 主要参数如下:

加载砝码 $G=$ _____ N　　　　螺栓直径 $d=$ _____ mm

联接横向力 $F=$ _____ N　　　　螺栓材料 $p=$ _____

倾覆力矩 $M=$ _____ N·mm

2. 将实验结果填入表 2-3 和表 2-4 中。

表 2-3　计算法测定螺栓上的力

项目 ＼ 螺栓号数	1	2	3	4	5	6	7	8	9	10
螺栓预紧力 Q_0										
螺栓预紧应变量 $\varepsilon \times 10^{-6}$										
螺栓工作拉力 F_0										

表 2-4　实验法测定螺栓上的力

项目 ＼ 螺栓号数		1	2	3	4	5	6	7	8	9	10
螺栓总应变量	第一次测量										
	第二次测量										
	第三次测量										
	平均数										
由换算得到的工作拉力 F_i											

3. 实验结果分析与讨论。

实验六　带传动特性测试与分析实验

一、实验目的

1. 观察带传动中的弹性滑动和打滑现象以及它们与带传递的载荷之间的关系；

2. 测定弹性滑动率与所传递的载荷和带传动效率之间的关系，绘制带传动的弹性滑动曲线和效率曲线；

3. 了解带传动实验台的设计原理与扭矩、转速的测量方法。

二、实验仪器和设备

JDCD-B带传动效率测试实验台(图 2-10)。

主要技术参数：

1. 直流电机功率：2 台,355W；

2. 转速 $n=0\sim1500\text{r/min}$；调速范围：$0\sim1500\text{r/min}$；

3. 带轮基准直径：平带轮 $D_1=D_2=120\text{mm}$；

4. V 带轮直径：$D_1=80\text{mm}$,$D_2=120\text{mm}$；

5. 压力传感器量程：$N=5\text{N·m}$；

6. 皮带初拉力：3kg；

7. 负载变动范围：$0\sim320\text{W}$。

图 2-10　JDCD-B带传动效率测试实验台

三、实验原理

1. JDCD-B带传动效率测试实验台主要由主动部分、从动部分、环形带(平带或 V 带)、带的预紧装置、带轮测速装置、电动机与发电机测矩装置、电器控制箱、负载装置和计算机分析处理功能等组成。实验台具有计算机分析处理功能,利用测力传感器采集数据,分析、绘制曲线。利用它来观察皮带传动的机构，测定皮带传动滑差率、效率、有效圆周力、最大有效圆周力和张紧力。该实验台主要由两个直流电机组成，其中一个为主动电机，另一个为从动电机，作发电机使用。发电机以灯泡和大电阻为负载，作为带传动的加载装置。主动电机固定在一个可以水平方向自由移动的底板上，通过皮带与发电机相连，将动力传递给发电机。皮带的拉紧力可通过砝码架上的砝码来调节。电动机和发电机的定子（即壳体）未固定，可以转动，但在其外壳上装有测力杆，测力杆的另一端压在两测力传感器上，两电机后端装有光电测速装置和测速转盘，所测得的转速在面板上由各自的数码管显示。

2. 砝码通过钢丝绳、固定滑轮拉紧电动机座，从而使皮带张紧，并保证一定初拉力。开启灯泡，以改变发电机的负载，改变电动机输出功率，随着开启灯泡的瓦数增多，发电机的负载增大，皮带的受力也增大，皮带两边的拉力差也增大，皮带的弹性滑动也逐步增加。当皮带所传递的载荷刚好达到所能传递的最大有效圆周力时，皮带开始打滑，当负载继续增加时皮带则出现完全打滑。主动轮（电动机皮带轮）的扭矩 M_1 和从动轮（发电机皮带轮）的扭矩 M_2 均通过电机外壳上的测力杆来测定。电动机和发电机的外壳支承在支座的滚动轴承中，并可绕转子的轴线转动。当电动机启动并带动发电机转动，发电机承载后，电动机和发电机的壳体将绕其转子转动，它们的转动力矩可分别通过固定在其外壳上的测力杆使传感器弹簧片发生变形后产生的反力而形成的力矩来平衡。

3. 只要测出不同载荷下主动轮的转速 n_1 和从动轮的转速 n_2 以及主动轮（电动机皮带轮）的扭矩 M_1 和从动轮（发电机皮带轮）的扭矩 M_2，就可算出在不同的有效拉力下的弹性滑动率 ε 值和皮带传动效率 η 值：

皮带传动的效率 η ＝（从动轮的功率 N_1）/（主动轮的功率 N_2）＝$(M_2 n_2)/(M_1 n_1)$

式中：n_1、n_2 分别为电动机和发电机各自转速。

$$\varepsilon = \left[(V_1 - V_2)/V_1\right] \times 100\%$$

式中：V_1、V_2 为两轮的圆周速度。

当两个带轮的直径相同时：$\varepsilon = \left[(n_1 - n_2)/n_1\right] \times 100\%$

以从动轮（发电机皮带轮）的扭矩 M_2 为横坐标，分别以不同载荷下的 ε 和 η 之值为纵坐标，就可以画出皮带传动的弹性滑动曲线和效率曲线。

四、实验步骤

1. 通电前的准备如下：

(1) 将面板上调速旋钮逆时针旋到底（转速最低位置）。

(2) 加上一定的砝码使皮带具有初拉力。

(3) 断开发电机所有负载。

2. 接通电源，检查测力计的测力杆是否处于平衡状态，若不平衡则调整到平衡。

3. 检查电动机和发电机转速显示数码管是否显示。

4. 慢慢地调节调速旋钮，使电动机转速逐渐加到 1300r/min 左右。

5. 旋转加载按钮进行加载操作，加载过程中灯泡将逐渐由暗变亮。加载时注意 n_1 和 n_2 之间的差值，即观察皮带的弹性滑动现象。

6. 重复第 5 项操作,直到 $\varepsilon \geqslant 3\%$ 时,表示皮带传动开始进入打滑区,记录 n_1、n_2、M_1、M_2、载荷数据。继续加载,则 n_1 和 n_2 之间的差值迅速增大,表示皮带传动进入打滑区。

7. 通过加载按钮的调低按钮减少载荷,记录 n_1、n_2、M_1、M_2、载荷数据。

8. 重复第 7 项操作,直到载荷为 0 时止,记录最后一组数据。

9. 将面板上调速旋钮逆时针旋到底(转速最低位置),关机。

10. 注意事项如下:

(1) 启动前必须加上一定的砝码,使皮带具有初拉力。

(2) 发电机的负载必须为零(空载)启动,慢慢地调节调速旋钮,使电动机转速逐渐加到要求的转速。

(3) 实验过程是:在一定的转速下,载荷加到打滑区(测出最大载荷),通过减少载荷的方式,使载荷由大到小,测试皮带传动效率曲线。

(4) 停车时必须先卸掉载荷,将转速调零,然后停车。

五、实验报告

1. 原始数据及实验记录(见表 2 - 5)。

初拉力 $F_0=$ 　　　 N　　　　带轮直径 $D_1=$ 　　　 mm;$D_2=$ 　　　 mm

带速 $n=$ 　　　 r/min　　　　$L_1=$ 　　　 mm;$L_2=$ 　　　 mm

表 2 - 5　原始数据及实验记录

项目 测点	测定数据					
	n_1(r/min)	n_2(r/min)	M_1(N·mm)	M_2(N·mm)	η(%)	ε(%)
空载						
2						
3						
4						
5						
6						
7						
8						
9						
10						

注:$\eta=\dfrac{M_2 n_2}{M_1 n_1}\times 100\%$;$\varepsilon=\left(1-\dfrac{D_2 n_2}{D_1 n_1}\right)\times 100\%$

2. 绘制皮带初拉力为 3kg 时,不同载荷下弹性滑动曲线 ε 和效率曲线 η。

3. 思考题。

(1) 分析皮带传动效率曲线,说明传动效率变化规律。

（2）比较不同初拉力的皮带传动效率曲线和弹性滑动曲线，试说明皮带传动效率曲线和弹性滑动曲线与初拉力的关系，是不是初拉力越大越好？

（3）分析皮带弹性滑动曲线，说明弹性滑动率随载荷变化规律。

实验七　齿轮范成原理实验

一、实验目的

1. 掌握用范成法加工渐开线齿轮的基本原理，观察渐开线齿轮齿廓曲线的形成过程；
2. 了解渐开线齿轮齿廓的根切现象和用径向变位避免根切的方法；
3. 分析比较标准齿轮与变位齿轮的齿形。

二、实验仪器和工具

1. 齿轮范成仪、绘图纸。
2. 铅笔、橡皮、剪刀（学生自备）。

三、实验原理

1. 齿轮啮合原理是一对渐开线齿轮（或齿轮和齿条）啮合传动时，两轮的齿廓曲线互为包络线，范成法就是利用这一原理来加工齿轮的。用范成法加工齿轮时，其中一轮为形同齿轮或齿条的刀具，另一轮为待加工齿轮的轮坯。刀具与轮坯都安装在机床上，在机床传动链的作用下，刀具与轮坯按齿数比作定传动比的回转运动，与一对齿轮（它们的齿数分别与刀具和待加工齿轮的齿数相同）的啮合传动完全相同。在对滚中刀具齿廓曲线的包络线就是待加工齿轮的齿廓曲线。与此同时，刀具还一方面作径向进给至全齿高，另一方面沿轮坯的轴线作切削运动，这样刀具的刀刃就可切削出待加工齿轮的齿廓。由于在实际加工时看不到刀刃包络出齿轮的过程，故通过齿轮范成实验来表现这一过程。在实验中所用的齿轮范成仪相当于用齿条型刀具加工齿轮的机床，待加工齿轮的纸坯与刀具模型都安装在范成仪上，由范成仪来保证刀具与轮坯的对滚运动（待加工齿轮的分度圆线速度与刀具的移动速度相等）。对于在对滚中的刀具与轮坯的各个对应位置，依次用铅笔在纸上描绘出刀具的刀刃廓线，每次所描下的刀刃廓线相当于齿坯在该位置被刀刃所切去的部分。这样我们就能清楚地观察到刀刃廓线逐渐包络出待加工齿轮的渐开线齿廓，形成轮齿切削加工的全过程。

2. 齿轮范成仪结构如图 2-11 所示，托盘表示被加工齿轮的毛坯，安装在机架上，并可绕机架上的固定轴转动。齿条刀具安装在滑架上，当移动滑架时，托盘上安装的与被加工齿轮具有同等大小分度圆的齿轮与安装接在滑架上的齿条啮合，并保证被加工齿轮的分度圆与滑架上的齿条节线作纯滚动，从而实现范成运动。松开螺母即可调整齿条刀具相对于轮坯中心的距离，因此，齿条可以安装在相对于托盘的各个位置上，如使齿条分度线与托盘的分度圆相切，则可以绘出标准齿轮的齿廓。当齿条的中线与托盘的分度圆间有距离时，其移距值可以在滑架的刻度上直接读出来,可按移距的大小和方向绘出各种正移距或负移距变位齿轮。

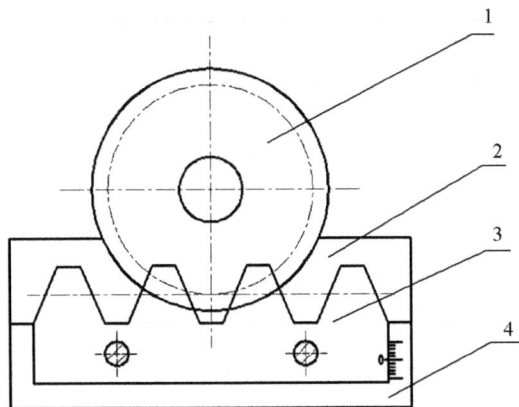

1. 托盘;2. 底座;3. 齿条刀具;4. 滑架

图 2 - 11　齿轮范成仪

四、实验步骤

1. 根据已知刀具的参数和被加工齿轮分度圆直径,计算出被加工齿轮的基圆半径、最小变位系数、变位量、标准齿轮的齿顶圆和齿根圆直径,以及变位齿轮的齿顶圆和齿根圆直径,然后根据计算数据将上述 6 个圆画在同一张图纸上,并沿最大圆的圆周剪成圆形纸片,作为实验的"轮坯"。

2. 安装轮坯。把轮坯安装到仪器圆盘上,必须注意对准中心。

3. 调节刀具中心线,使它与被加工齿轮分度圆相切。刀具处在切削标准齿轮时安装位置上。

4. "切削"齿廓。先将刀具移向一端,使刀具齿廓退出标准齿轮的齿顶圆,然后使刀具每次向另一端移动一小格,用笔描下切削刃在轮坯上的位置,直到形成两个完整的轮齿为止。

5. 观察根切现象。用标准渐开线齿廓检验所绘得的渐开线齿廓,或观察刀具的齿顶线是否超过了被加工齿轮的极限点。

6. 重新调整刀具,使刀具中心线远离轮坯中心,移动距离为避免根切的最小变位量,按上述操作过程,切制正变位齿轮的齿廓曲线,此时也就是刀具的齿顶线与变位齿轮的齿根圆相切。为了便于比较,该齿廓线用另一种颜色笔画出。

五、实验报告

1. 齿轮基本参数如表 2 - 6 所示。

表 2 - 6　齿轮基本参数

m	Z	α	h_a^*	x		
				x_1	x_2	x_3
		20°		0	0.5	0.5

2. 将有关数据记录至表 2－7 中。

表 2－7 数据记录 单位：mm

	标准	正变位	负变位	
变位量 X_{m}				
分别计算下列参数				
分度圆直径 d				
齿顶圆直径 d_{a}				
齿根圆直径 d_{f}				
从齿廓图上量出下列参数				
分度圆齿厚				
齿顶圆齿厚				
齿根圆齿厚				

3. 在课堂上每人绘制两个齿轮，即标准齿轮和变位齿轮，课后对切制的标准齿轮和变位齿轮有关参数进行分析比较。

4. 思考题。

(1) 标准齿轮与变位齿轮的基本参数和几何形状哪些相同，哪些不同，为什么？

(2) 根切的原因何在，如何避免？

实验八　齿轮传动效率测试实验

一、实验目的

1. 了解机械传动效率测试的意义、内容和方法；

2. 了解封闭功率流式齿轮试验台的基本结构、特点及测定齿轮传动效率的方法；

3. 通过改变载荷，测出不同载荷下的传动效率和功率。输出 T_1－T_9 关系曲线及 η－T_9 曲线，其中 T_1 为轮系输入扭矩（即电机输出扭矩），T_9 为封闭扭矩（也即载荷扭矩），η 为齿轮传动效率。

二、实验仪器和设备

CLS－Ⅱ型齿轮试验台（图 2－12）。

主要技术参数：

1. 直流电机转速：0～1100r/min；

2. 最大封闭功率：P_8＝1500W；

3. 速比：i＝1；

4. 试验齿轮模数：$m=2$；

5. 齿数：$Z_4=Z_3=Z_2=Z_1=38$；

6. 最大封闭扭矩：$T_B=15\text{N}\cdot\text{m}$；

7. 中心矩：$A=76\text{mm}$；

8. 电机额定功率：$P=300\text{W}$；

9. 电源：220V 交流/50Hz；

10. 外形尺寸：900mm×550mm×300mm。

图 2-12　CLS-Ⅱ型齿轮试验台

三、实验原理

1. 实验台结构：实验台为小型台式封闭功率流式齿轮实验台,采用悬挂式齿轮箱不停机加载方式,具有加载方便、操作简单安全、耗能少等优点。实验台的结构示意图如图 2-13 所示,由定轴齿轮副、悬挂齿轮箱、扭力轴、双万向连轴器等组成一个封闭机械系统。电机采用外壳悬挂结构,通过浮动连轴器和齿轮相连,与电机悬臂相连的转矩传感器把电机转矩信号送入实验台电测箱,在数码显示器上直接读出。电机转速由霍耳传感器 4 测出,同时送往电测箱中显示。

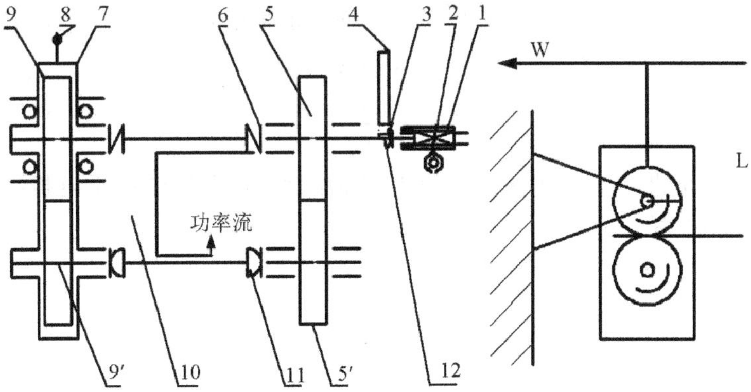

1. 悬挂电机;2. 转矩传感器;3. 浮动连轴器;4. 霍耳传感器;5. 定轴齿轮副;6. 刚性连轴器;
7. 悬挂齿轮箱;8. 砝码;9. 悬挂齿轮副;10. 扭力轴;11. 万向连轴器;12. 永久磁钢

图 2-13　齿轮实验台结构示意图

2. 实验系统如图 2-14 所示,由如下设备组成:

(1) CLS-Ⅱ型齿轮传动实验台;

(2) CLS-Ⅱ型齿轮传动实验仪;

(3) 计算机;

(4) 打印机。

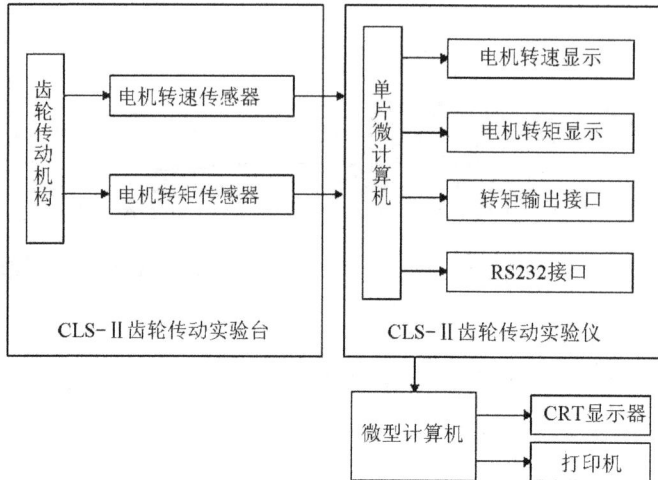

图 2-14　实验系统框图

四、效率计算

(一) 封闭功率流方向的确定

实验台空载时,悬臂齿轮箱的杠杆通常处于水平位置,当加上一定载荷之后（通常加载砝码是 0.5kg 以上）,悬臂齿轮箱会产生一定角度的翻转,这时扭力轴将有一力矩 T_9 作用于齿轮 9(其方向为顺时针),万向节轴也有一力矩 T_9' 作用于齿轮 9′,其方向也为顺时针,如忽略摩擦,$T_9' = T_9$。当电机顺时针方向以角速度 ω 转动时,T_9 与 ω 的方向相同,T_9' 与 ω 方向相反,故这时齿轮 9 为主动轮,齿轮 9′为从动轮,同理齿轮 5 为主动轮,齿轮 5′为从动轮,封闭功率流方向如图 2-13 所示,P_9(kW) 大小为

$$P_9 = \frac{T_9 N_9}{9550} = P_9'$$

该功率流的大小决定于加载力矩和扭力轴的转速,而不是决定于电机。电机提供的功率仅为封闭传动中损耗功率,即

$$P_1 = P_9 - P_9 \times \eta_{总}$$

故

$$\eta_{总} = \frac{P_9 - P_1}{P_9} = \frac{T_9 - T_1}{T_9}$$

单对齿轮

$$\eta = \sqrt{\frac{T_9 - T_1}{T_9}}$$

η 为总效率,若 $\eta=95\%$,则电机供给的能量,其值约为封闭功率值的 1/10,是一种节能高效的试验方法。

（二）封闭力矩 T_9 的确定

由图 2-13 可以看出，当悬挂齿轮箱杠杆加上载荷后，齿轮 9、齿轮 9′ 就会产生扭矩，其方向都是顺时针，对齿轮 9′ 中心取矩，得到封闭扭矩 T_9（N·m）（本试验台 T_9 是所加载荷产生扭矩的一半）即

$$T_9 = \frac{WL}{2}$$

式中：W——所加砝码重力（N）；

$\quad L$——加载杠杆长度，$L=0.3m$ 。

平均效率为（本试验台电机为顺时针）

$$\eta = \sqrt{\eta_{总}} = \sqrt{\frac{T_9 - T_1}{T_9}} = \sqrt{\frac{\dfrac{W}{2} - T_1}{\dfrac{W}{2}}}$$

式中：T_1——电动机输出转矩（电测箱输出转矩显示值）。

（三）齿轮传动实验仪

实验仪正面面板布置图及背面板布置图如图 2-15、图 2-16 所示。

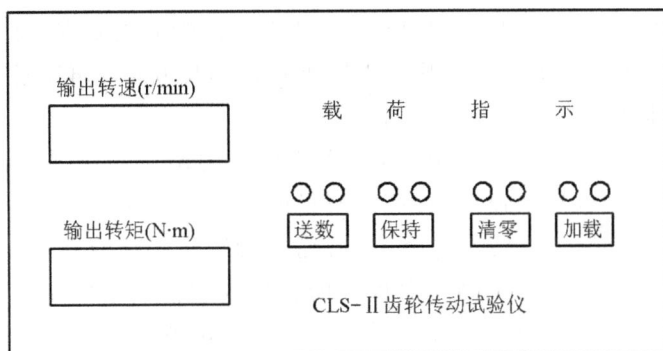

图 2-15　面板布置图

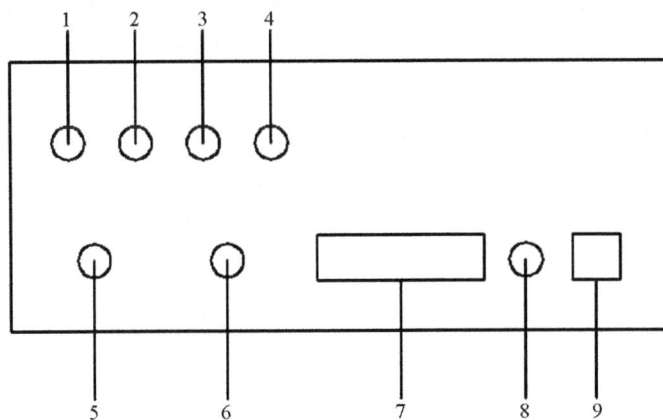

1．调零电位器；2．转矩放大倍数电位器；3．力矩输出接口；4．接地端子；

5．转速输入接口；6．转矩输入接口；7．RS-232 接口；8．电源开关；9．电源插座

图 2-16　电测箱后板布置图

实验仪操作部分主要集中在仪器正面的面板上。在实验仪的背面备有微机 RS-232 接口、转矩、转速输入接口等。实验仪箱体内附设有单片机，承担检测、数据处理、信息记忆、自动数字显示及传送等功能。若通过串行接口与计算机相联，就可由计算机对所采集数据进行自动分析处理，并能显示及打印齿轮传递效率 η-T_9 曲线及 T_1-T_9 曲线和全部相关数据。

五、实验步骤

（一）人工记录操作方法

1. 系统联接及接通电源。齿轮实验台在接通电源前，应首先将电机调速旋钮逆时针转至最低速"0速"位置，将传感器转矩信号输出线及转速信号输出线分别插入电测箱后板和实验台上相应接口上，然后按电源开关接通电源。打开实验仪后板上的电源开关，并按一下"清零"键，此时，输出转速显示为"0"，输出转矩显示数"."，实验系统处于"自动校零"状态。校零结束后，转矩显示为"0"。

2. 转矩零点及放大倍数调整：

（1）零点调整。在齿轮实验台不转动及空载状态下，使用万用表接入电测箱后板力矩输出接口3（见图2-16）上，电压输出值应在 1～1.5V 范围内，否则应调整电测箱后板上的调零电位器（若电位器带有锁紧螺母，则应先松开锁紧螺母，调整后再锁紧）。零点调整完成后按一下"清零"键，待转矩显示"0"后表示调整结束。

（2）放大倍数调整。"调零"完成后，将实验台上的调速旋钮顺时针慢慢向"高速"方向旋转，电机起动并逐渐增速，同时观察电测箱面板上所显示的转速值。当电机转速达到 1000r/min 左右时，停止转速调节，此时输出转矩显示值应在 0.6～0.8N·m，此值为出厂时标定值，否则通过电测箱后板上的转矩放大倍数电位器加以调节。调节电位器时，转速与转矩的显示值有一段滞后时间。一般调节后待显示器数值跳动两次即可达到稳定值。

（3）加载。调零及放大倍数调整结束后，为保证加载过程中机构运转比较平稳，建议先将电机转速调低。一般以将实验转速调到 300～800r/min 为宜。待实验台处于稳定空载运转后（若有较大振动，要按一下加载砝码吊篮或适当调节一下电机转速）。在砝码吊篮上加上第一个砝码，观察输出转速及转矩值，待显示稳定（一般加载后转矩显示值跳动 2～3 次即可达稳定值）后，按一下"保持"键，使当时的转速及转矩值稳定不变，记录下该组数值，然后按一下"加载"键，第一个加载指示灯亮，并脱离"保持"状态，表示第一点加载结束。加上第二个砝码，重复上述操作，直至加上八个砝码，八个加载指示灯亮，转速显示器及转矩显示器分别显示"8888"，表示实验结束。根据所记录下的八组数据便可做出齿轮传动的传动效率 η-T_9 曲线及 T_1-T_9 曲线。

注意：加载过程中，应始终使电机转速基本保持在预定转速左右。在记录下各组数据后，应先将电机调速至零，然后再关闭实验台电源。

（二）与计算机接口实验方法

在 CLS-E 型齿轮传动实验台电控箱后板上设有 RS-232 接口，通过所附的通信连接

线和计算机相联,组成智能齿轮传动实验系统,操作步骤为:

1. 系统联接及接通电源。在关电源的状态下将随机携带的串行通信连接线的一端接到实验台电测箱的 RS－232 接口,另一端接入计算机串行输出口(串行口 1 号或 2 号均可,但无论联线或拆线时,都应先关闭计算机和电测箱电源,否则易烧坏接口元件),其余方法同前。

2. 转矩零点及放大倍数调整方法同前。

3. 打开计算机运行齿轮实验系统,首先对串口进行选择,如有必要,在串口选择下拉菜单中有一栏机型选择,选择相应的机型,然后点击数据采集功能,等待数据的输入。

4. 加载。同样,加载前就先将电机调速至 $300\sim800\text{r/min}$,并在加载过程中应始终使电机转速基本保持在预定值。

(1) 实验台处于稳定空载状态下,加上第一个砝码,待转速及转矩显示稳定后,按一下"加载"键(注:不需按"保持"键),第一个加载指示灯亮。加第二个砝码,显示稳定后再按一下"加载"键,第二个加载指示灯亮,第二次加载结束。如此重复操作,直至加上八个砝码,按八次"加载"键,八个加载指示灯亮。转速、转矩显示器都显示"8888"表明所采数据已全部送到计算机。将电机调速至"0"后,卸下所有砝码。

(2) 当确认传送数据无误(否则再按一下"送数"键)后,用鼠标选择"数据分析"功能,屏幕显示本次实验的曲线和数据。接下来就可以进行数据拟合等一系列的工作了。如果在采集数据过程中,出现采不到数据的现象,请检查串口选择是否正确,串口联接是否可靠,然后重新采集。

(3) 移动功能菜单的光标至"打印"功能,打印机将打印实验曲线和数据。

(4) 实验结束后,用鼠标点击"退出"菜单,即可退出齿轮实验系统。退出后应及时关闭计算机及实验台电测箱电源。

注意:如需拆装 RS－232 串行通信线,必须将计算机及实验台的电源关闭。运行环境要求:486 以上微机,32M 内存或更高,Windows 95 或 Windows 98 操作系统,显示分辨率为 800×600 以上,推荐使用 1024×768,显示颜色为 16 位真彩或更高。(如果运行环境达不到该要求,程序有可能不能正常运行!)

六、系统软件有关说明

整个软件界面由标题栏、菜单栏、采集数据显示区、计算结果显示区(效率)、曲线显示区、误差分析结果显示区、剩余标准差 S 相关指数 $R\times R$ 结果显示区七部分组成。整个软件的功能是由菜单栏的下拉菜单完成的,整个菜单栏包括串口选择、数据采集、采用模拟数据、数据分析、数据拟合、打印、帮助、退出。下面分别对每一菜单功能进行说明:

(一) 串口选择

1. 串口 1:在进行数据采集之前必须做这一步,用户可根据实际硬件的搭接情况进行选择,其中串口 1 在本软件指定的位置为 3F8H(十六进制)。

2. 串口 2:同串口 1 的菜单说明,只不过串口 2 在本软件中指定的位置为 2F8H(十六进制)。

（二）数据采集

在进行串口选择操作后，即可进行数据采集操作，在正确采集数据操作后，在采集数据显示区可以看到所采集的数据，它包括电动机转速 N_1(r/min)、电动机输出转矩 T_1(N·m)、封闭力矩 T_9(N·m)。如果在采集过程中，出现采集不到数据或者采集数据有错误的情况，请重复数据采集这一步，或者重新进行串口选择操作。有关数据采集的实验台的使用说明请参看"帮助"下拉菜单的"实验台使用说明书"中有关实验操作部分。

（三）采用模拟数据

设置该项功能的目的在于：如果现场没有齿轮实验台，无法进行现场采集操作，那么就可以点击该菜单，系统将自动采用软件出品时所采集的一组数据，在采集数据显示区可以看到所采用的模拟数据，用该组数据用户可以进行数据分析、数据拟合、打印等一系列操作。即可以在无实验台的情况下进行软件演示。

（四）数据分析

数据分析的功能在于：将采集的数据（电动机转速 N_1、电动机输出转矩 T_1、封闭力矩 T_9）进行效率的计算，并在曲线显示区显示效率 η-T_9、电动机输出转矩 T_1-T_9 的曲线。如果没有进行数据采集操作或者采用模拟数据操作，系统会提示要求进行数据采集操作，没有数据系统将不会进行数据分析操作。

（五）数据拟合

在这一菜单下，有"效率曲线最小二乘法拟合""效率曲线指数方程拟合""T_1线性拟合"三个下拉菜单；在"效率曲线最小二乘法拟合"下，又设有子菜单"二次拟合""三次拟合""四次拟合""高次拟合"。在"高次拟合"中，可以输入的拟合次数为 5～8 次，如果输入拟合次数高于 8 次，系统将不会进行该次数的拟合操作。选择相应的拟合次数后，系统将会进行此次数的拟合操作，同时在曲线显示区将会分别显示出效率曲线的拟合效果，用户可以选择相应的拟合方式进行拟合，以达到偏差最小、相关系数最大的拟合效果。在进行拟合操作以后，可以使用计算机键盘上的方向键来移动光标，查看相应横坐标位置的效率数值。

（六）打印

点击该菜单可以进行打印操作，打印的结果是采集的数据和曲线显示区显示的曲线。

（七）退出

点击该菜单可以退出本系统。

七、实验报告

1. 实验数据记录。

2. 实验曲线及实验分析。

3. 思考题。

（1）闭式齿轮传动的效率测试与开式的有什么不同？

（2）叙述闭式齿轮传动的效率测试原理。

实验九 滑动轴承特性测试与分析

一、实验目的

1. 观察油膜的形成与破裂现象、分析影响动压滑动轴承油膜承载能力的主要因素；
2. 测量轴承周向及轴向的油膜压力、绘制其油膜压力分布曲线；
3. 测定轴承的摩擦力、绘制轴承特性($f-\lambda$)曲线；
4. 掌握动压滑动轴承试验机的工作原理及其参数测试方法：
(1) 油膜压力(周向和轴向)的测量；
(2) 转速的测量；
(3) 摩擦力及摩擦系数的测量。

二、实验仪器和设备

HS-B 型液体动压轴承实验台。

实验的主要参数：

1. 实验轴瓦：内径 $d=60\text{mm}$；
2. 长度：$L=110\text{mm}$；
3. 加载范围：$0\sim1000\text{N}(100\text{kg})$；
4. 摩擦力传感器量程：$50\text{N}(5\text{kg})$；
5. 压力传感器量程：$0\sim0.6\text{MPa}$；
6. 加载传感器量程：$0\sim2000\text{N}$；
7. 直流电机功率：355W；
8. 主轴调速范围：$2\sim500\text{r/min}$；

三、实验原理

(一) 实验台工作原理

实验台工作原理如图 2-17 所示,直流电机 1 通过 V 形带 2 驱动轴 6 旋转。轴 6 由两个滚动轴承支承在箱体 3 上,其转速由操作面板 11 上的电位器进行无级调速。本实验机的转速范围为 $3\sim375\text{r/min}$,转速由数码管显示。由螺杆 7 和载荷传感器 10 组成加载装置,转动螺杆 7 可改变外加载荷的大小。载荷传感器的信号经放大和 A/D 转换后由数码管显示其载荷数值。加载范围为 $0\sim80\text{kg}$,不允许超过 100kg。

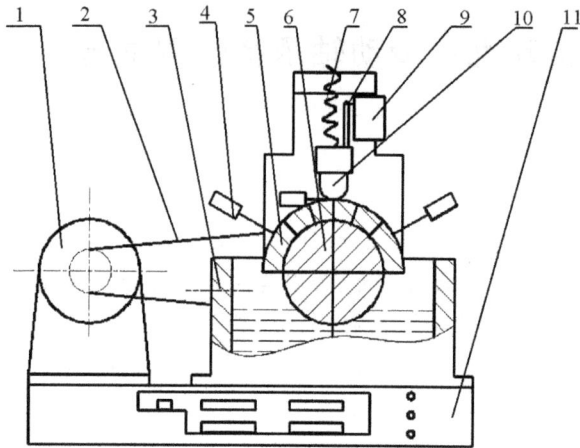

1. 直流电机；2. V 形带；3. 箱体；4. 压力传感器；5. 轴瓦；6. 轴；
7. 加载螺杆；8. 力臂；9. 测力传感器；10. 载荷传感器；11. 操作面板

图 2-17   实验台工作原理

（二）油膜压力的测量

在轴瓦 5 中间截面 120°的承载区内（见图 2-18 右图）钻有七个均布的小孔，分别与七只压力传感器 4 接通，用来测量径向油膜压力。距正中小孔的 $B/4$ 轴承有效长度处，另钻一个小孔连接第八只压力传感器，用来测量轴向压力。压力传感器的信号经放大、A/D 转换分别由数码管显示轴承径向油膜压力和周向油膜压力。

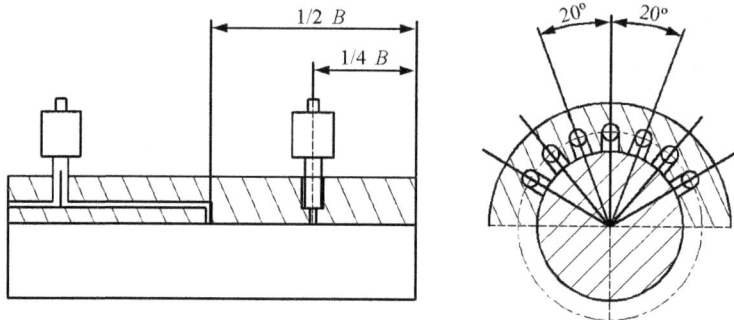

图 2-18   压力传感器分布

（三）摩擦系数的测量

在轴瓦外圆的后端装有力臂，力臂杆紧靠摩擦力传感器，轴旋转后，轴承间的摩擦力矩应与力臂作用于测力传感器所产生的摆动力矩相平衡，即

$$F_M \cdot \frac{d}{2} = F_C \cdot L$$

故

$$F_M = \frac{F_C \cdot L}{30}$$

摩擦系数

$$f = \frac{F_M}{F} = \frac{F_C \cdot L}{30F}$$

式中：F——轴承外载荷(N)，F＝外加载荷＋轴承自重＝750N；

　　　L——力臂长度(mm)；

　　　F_M——轴承的摩擦力(N)；

　　　F_C——测力传感器读数。

四、实验内容

1. 液体动压轴承油膜压力周向分布的测试分析：该实验装置采用压力传感器、A/D 采集该轴承周向上七个点位置的油膜压力。

2. 将数据输入计算机，通过计算作出该轴承油膜压力周向分布图。

3. 通过分析其分布规律，了解影响油膜压力分布的因素。

4. 液体动压轴承油膜压力周向分布的仿真分析：该实验装置配置的计算机软件通过数模作出液体动压轴承油膜压力周向分布的仿真曲线。

5. 与实测曲线进行比较分析。

6. 液体动压轴承摩擦特征曲线的测定：该实验装置通过压力传感器和 A/D 板采集和转换轴承的摩擦力矩。

7. 将轴承的工作载荷输入计算机得出摩擦系数的特征曲线。使学生了解影响摩擦系数的因素。

8. 液体动压轴承位置模拟：通过建模与仿真显示轴承在不同载荷作用下不同转速下的最小油膜厚度和偏位角。

五、实验步骤

1. 在封面上非文字区单击左键，即可进入滑动轴承实验教学界面。

2. 在滑动轴承实验教学界面上单击[实验指导]按钮，进入本实验指导文档。单击[油膜压力分析]按钮，进入油膜压力分析。单击[摩擦特性分析]按钮，进入摩擦特性分析。单击[实验参数设置]按钮，可设置润滑油牌号和轴承工作温度、密码设定及其他参数。单击[退出]按钮，退出程序，返回 Windows。

3. 启动实验台的电动机，在做滑动轴承油膜压力仿真与测试实验时，均匀旋动调速按钮，待转速达到一定值后，测定滑动轴承各点的压力值。

4. 在滑动轴承油膜压力仿真与测试分析界面上，单击[稳定测试]按钮，稳定采集滑动轴承各测试数据。测试完后，将给出实测仿真八个压力传感器位置点的压力值。实测仿真曲线自动绘出，同时弹出"另存为"对话框，提示保存。单击[打印]按钮，弹出"打印"对话框，选择后，将滑动轴承油膜压力仿真曲线图和实测曲线图打印出来。

5. 在滑动轴承连续摩擦特征仿真与测试分析界面上，单击[稳定测试]按钮，稳定采集滑动轴承各测试数据。测试完成后，绘制滑动轴承摩擦特征实测仿真曲线图。单击[打印]按钮，弹出"打印"对话框，将滑动轴承摩擦特性仿真曲线图和实测曲线图打印出来。

6. 如果实验结束，单击[退出]按钮返回 Windows 界面。

7. 注意事项：

（1）初次使用时，需仔细参阅本产品的说明书，特别是注意事项。关掉实验台操作面板上的调速按钮，使电机停转。

（2）使用的机油必须通过过滤才能使用，使用过程中严禁将灰尘及金属屑混入油内。

（3）由于主轴和轴瓦加工精度高，配合间隙小，润滑油进入轴和轴瓦间隙后，不易流失，在做摩擦系数测定时，油压表的压力不易回零。需人为把轴瓦抬起，使油流出。

（4）所加负载不允许超过 120kg，以免损坏负载传感器元件。

（5）机油牌号的选择可根据具体环境、温度，在 20# ～40# 内选择。

（6）为防止主轴瓦在无油膜运转时烧坏，在面板上装有无油膜报警指示灯，正常工作时指示灯熄灭，严禁在指示灯亮时主轴高速运转。

六、实验报告

1. 将测得的数据填入表 2-8 和表 2-9 中。

仪器参数

（1）半径间隙 δ：0.073mm；

（2）机油黏度 η：0.025(Pa·s)；

（3）径向载荷 F：(700＋50)N；

（4）力臂 L：125mm；

（5）速度调节参考值(r/min)：300、275、250、225、200、175、150、125、100、75；

（6）润滑油型号 ：10#；

（7）轴承尺寸 $D×B$：60mm×110mm。

表 2-8　油膜压力记录

轴承载荷 $F=$　　　N；$n=$　　　r/min 时的油膜压力(kg/cm²)								
表序(从左至右)	1	2	3	4	5	6	7	8
压力								

表 2-9　摩擦系数测量记录

轴承载荷 F(N) 轴承压强 $p=\dfrac{F}{D \cdot B}$(MPa)		实测数据及计算结果								
主轴转速	n(r/min)									
特性系数	u_{np}									
摩擦系数	f									
摩擦力	f(N)									
负载	C									

2．绘制实验曲线。

3．思考题。

(1) 形成动压油膜的必要条件是什么？动压油膜承载能力取决于哪些因素？

(2) 在实验中出现哪些类型的摩擦状态？其基本性质如何？

(3) 在油膜状态下,为什么轴的转速提高而摩擦系数 f 增大？

实验十　刚性转子动平衡

一、实验目的

1．巩固动平衡的理论知识；

2．熟悉动平衡机的工作原理及刚性转子动平衡的基本方法。

二、实验仪器和设备

DPH‐Ⅰ智能动平衡实验台(带微机接口、含软件),见图 2－19。

主要技术参数：

1．平衡转速：约 1200r/min,2500r/min 两挡；

2．工件质量范围：0.1～5kg；

3．工件最大外径：ϕ260mm；

4．两支承间距离：50～400mm；

5．支承轴径范围：ϕ3～30mm；

6．圈带传动外轴径范围：ϕ25～80mm；

7．最小可达残余不平衡量：≤0.3gmm/kg；

8．一次减低率：≥90%；

9．测量时间：最长 3s；

10．电机额定功率：P=120W；

11．电源：220V 交流/50Hz；

12．外形尺寸：500mm×400mm×460mm；

13．质量：65kg。

图 2－19　DPH‐Ⅰ智能动平衡实验台

三、实验原理

(一) 实验台工作原理

系统由计算机、数据采集器、高精度的压电晶体传感器和光电相位传感器等组成,如图 2－20所示。当被试转子在部件上被拖动旋转后,由于转子的中心惯性轴与其旋转轴线存在偏移而产生不平衡离心力,迫使支承做强迫振动。安装在左右两个硬支撑机架上的两个压电传感器感受此力而发生机电换能,产生两路包含有不平衡信息的电信号输出到数据采集装置的两个信号输入端；与此同时,安装在转子上方的光电相位传感器产生与转子旋转同频同相的参考信号,通过数据采集器输入到计算机。计算机通过采集器采集此三路信号,如图 2-21 所示。由虚拟仪器进行前置处理、跟踪滤波、幅度调整、相关处理、FFT 变换、校正面之间的分离解算、最小二乘加权处理等,最终算出左右两面的不平衡量(g)、校正角(°)、以及实测转速(r/min)。

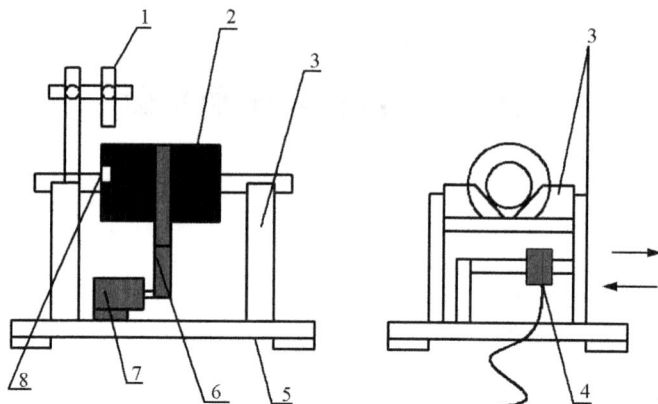

1. 光电传感器;2. 被试转子;3. 硬支承摆架组件;4. 压电传感器;
5. 减振底座;6. 传动带;7. 电动机;8. 零位标志

图 2-20 实验台结构图

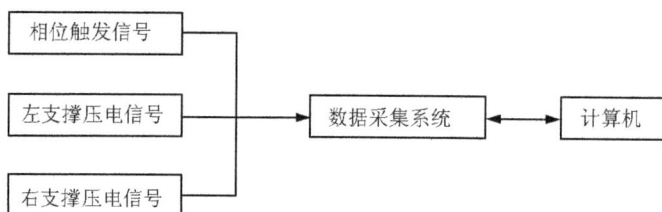

图 2-21 三路信号

(二)软件界面介绍

1. 系统主界面介绍。

(1)测试结果显示区域,包括左右不平衡量显示、转子转速显示、不平衡方位显示。

(2)转子结构显示区,显示当前的转子结构图。

(3)转子参数输入区域,显示用户输入的当前转子的各种尺寸,如图 2-22 上所示的尺寸。在图上没有标出的尺寸是转子半径,输入数值均是以毫米(mm)为单位的。

(4)原始数据显示区,该区域是用来显示当前采集的数据或者调入的数据的原始曲线,在该曲线上用户可以看出机械振动的大概情况,根据转子偏心的大小,在原始曲线上用户可以看出一些周期性的振动情况。

(5)数据分析曲线显示按钮:通过该按钮可以进入详细曲线显示窗口,可以通过详细曲线显示窗口看到整个分析过程。

(6)指示出检测后的转子的状态,灰色为没有达到平衡,蓝色为已经达到平衡状态。平衡状态的标准通过"允许不平衡质量"栏由用户设定。

（7）左右两面不平衡量角度指示图，指针指示的方位为偏重的位置角度。

（8）自动采集按钮，为连续动态采集方式，直到停止按钮按下为止。

（9）单次采集按钮。

（10）复位按钮，清除数据及曲线，重新进行测试。

（11）工件几何尺寸保存按钮开关，点击该开关可以保存设置数据（重新开机数据不变）。

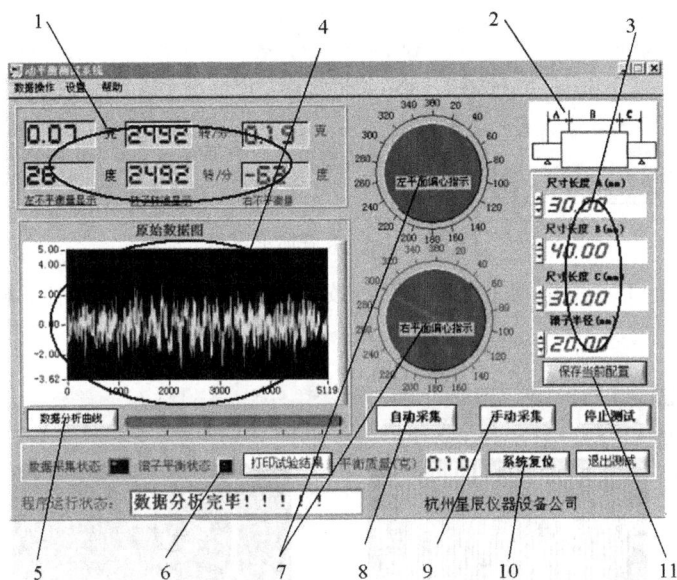

图 2-22　系统主界面

2. 模式设置界面。图 2-23 上罗列了一般转子的结构图，用户可以通过鼠标来选择相应的转子结构来进行实验。每一种结构对应一个计算模型，用户选择了转子结构的同时也选择了该结构的计算方法。

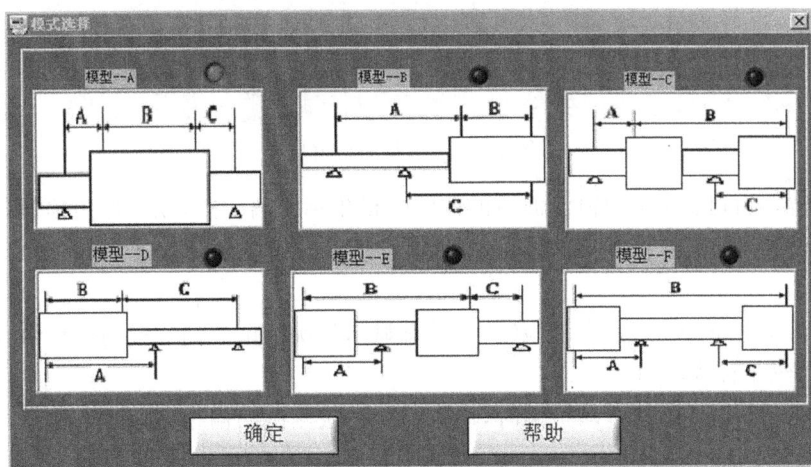

图 2-23　转子结构图

3. 采集器标定窗口。用于采集并标定转子的重量(不平衡量)及偏角(方位角),如图 2-24 所示。

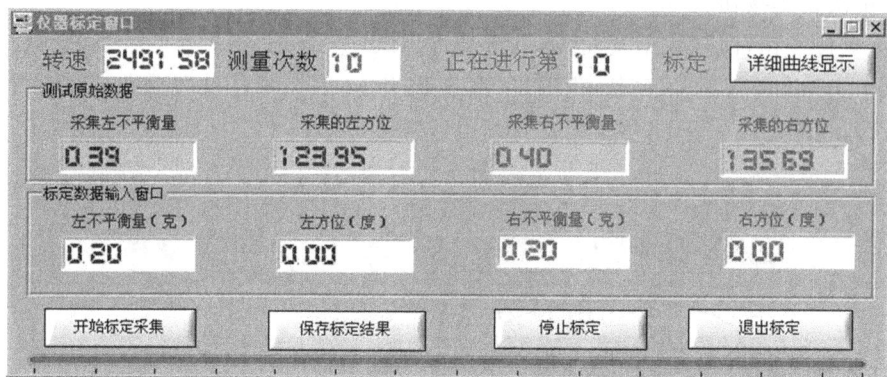

图 2-24 采集器标定窗口

4. 数据分析窗口。点击[数据分析曲线]按钮,得如下窗口,可详细了解数据分析过程,如图 2-25 所示。

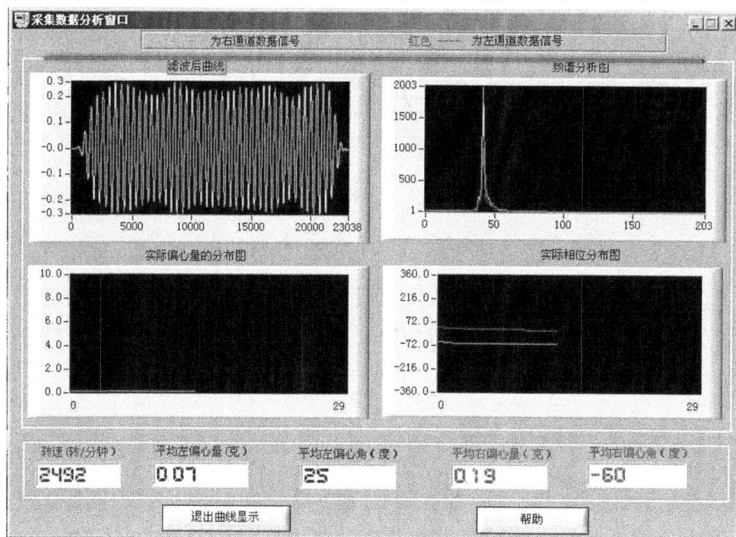

图 2-25 数据分析窗口

(1)滤波器窗口:显示加窗滤波后的曲线。横坐标为离散点,纵坐标为幅值。

(2)频谱分析图:显示 FFT 变换左右支撑振动信号的幅值谱。横坐标为频率,纵坐标为幅值。

(3)实际偏心量分布图:自动检测时,动态显示每次测试的偏心量的变化情况。横坐标为测量点数,纵坐标为幅值。

(4)实际相位分布图:自动检测时,动态显示每次测试的偏相位角的变化情况。横坐标为测量点数,纵坐标为偏心角度。

(5)最下端指示栏指示出每次测量时转速、偏心量、偏心角的数值。

四、实验步骤

1. 打开动平衡试验机的电源,双击桌面上的"动平衡实验系统"图标,进入系统的主界面。

2. 选择转子的结构,通过设置菜单中的模式设置直接进入转子结构选择图,选择需要的转子结构。系统默认的结构为 A 型。

3. 根据所选择的结构输入转子参数,在进行计算偏心位置和偏心量时,需要用户输入当前转子的各种尺寸,输入数值均是以毫米(mm)为单位的,转子半径为 20mm。

4. 测试原始转子是否为已经平衡了的标准转子。测试方法为:打开动平衡试验机的电机开关,再点击主界面的"自动采集",检测辊子状态的指示灯亮为已经达到平衡状态,灰色为没有达到平衡。测试结果显示区域中左右不平衡量显示为 0.00g。此时表示转子是一个标准的平衡转子,可以进行第 5 步了。

5. 在已经平衡了的转子上的 A、B 两面加上偏心重量即磁钢砝码(表 2-10),所加的重量(不平衡量)及偏角(方位角),可以通过"标定数据输入窗口"输入。启动装置后,用户通过点击"开始标定采集"来开始标定的第一步,这里需要注意的是,所有的这些操作是针对同一结构的转子进行标定的,以后进行转子动平衡时应该是同一结构的转子,如果转子的结构不同则需要重新标定。"测试次数"由用户自己设定,次数越多标定的时间越长,一般 5~10 次。"测试原始数据"栏——是用户观察数据栏,只要有数据即表示正常,反之为不正常。在"详细曲线显示"中用户可通过观察标定过程中数据的动态变化过程,来判断标定数据的准确性。

表 2-10　磁钢砝码清单

规格	重(g)	数量
$\phi 2 \times 2$	0.047	5
$\phi 3 \times 1.5$	0.08	8
$\phi 4 \times 1.5$	0.14	8
$\phi 4 \times 2$	0.19	6
$\phi 6 \times 2$	0.42	6
$\phi 6 \times 4$	0.85	4
F4×2×2	0.12	6
F7.5×5×4	1.2	10

6. 在数据采集完成后,计算机采集并计算的结果位于第二行的显示区域,用户可以将手工添加的实际不平衡量和实际的不平衡位置填入第三行的输入框中,输入完成并按[保存标定结果]按钮,"退出标定"完成该次标定。

7. 返回系统的主界面,将"允许不平衡质量"设为标定值,点击"自动采集",观察动平衡的情况。

8. 注意事项如下：

（1）进入主界面前必须先开启电源。

（2）在采集不平衡量的过程中，需要有数据缓冲的过程，不能频繁地瞬间切换操作功能，否则容易引起系统的死机。

（3）试验完成后将砝码按照试验前的顺序放好。

五、实验报告

1. 将测得的数据填入表 2-11 与表 2-12 中。

（1）标定数据的输入。

转速：

表 2-11　系统标定

左不平衡量（g）		左方位（°）		右不平衡量（g）		右方位（°）	

（2）测试结果的显示。

表 2-12　测试结果

	1	2	3	4	5	6	7	8	9	10
转子转速(r/min)										
左不平衡量(g)										
左方位(°)										
右不平衡量(g)										
右方位(°)										

2. 思考题。

（1）动平衡与静平衡的主要区别是什么？哪些类型的试件要做动平衡试验？试件在做完动平衡后为什么不要再做静平衡试验？

（2）为什么实际加减的重量一般都要小于测量的不平衡量，大于会出现什么样的情况？

（3）如果在左平衡面加一个平衡质量，会影响右平衡面的不平衡量吗？

实验十一　减速器拆装及轴系结构测绘

一、实验目的

本实验为综合性实验，要求学生利用所学的《机械制图》《金属工艺学》《公差与配合》及《机械设计》等课程的理论知识，全面系统地对所拆装的减速器进行全面的分析和测绘。

通过对减速器的拆装、结构分析和对轴系结构测绘的过程,全面细致地观察齿轮减速器的整体结构以及零部件的结构特点,并了解它们是如何综合考虑满足功能要求、强度刚度要求、加工工艺要求、装配调整定位要求、密封润滑要求以及经济性要求等。以达到理论联系实际,加深关于结构方面的感性认识的目的,为能设计出较为合理的减速器打下良好的基础。

二、实验设备、工具、量具

1. 拆装用减速器:单级圆锥齿轮减速器、圆锥圆柱减速器、蜗轮蜗杆减速器、双级圆柱齿轮减速器,图2-26为拆装用减速器外形图。

2. 工具、量具:锤子、扳手、钢尺、游标卡尺、内卡、外卡等。

3. 学生自备:草稿纸、铅笔、橡皮、计算器等。

图 2-26　减速器

三、实验内容

1. 按正确程序拆、装减速器,通过观察、测量和分析讨论,了解减速器整体结构以及零、部件结构特点和作用,见图2-27。

2. 测定减速器主要参数,如中心距、齿轮齿数、传动比、传动方式,判断输入、输出轴;确定斜齿轮或蜗杆的旋向力及轴向力;观察轴承代号及安装方式;绘出传动示意图。

3. 观察密封、润滑方式。

4. 仔细测量一轴系零件,画出轴系结构草图。

5. 观察其他几种类型的减速器,并比较。

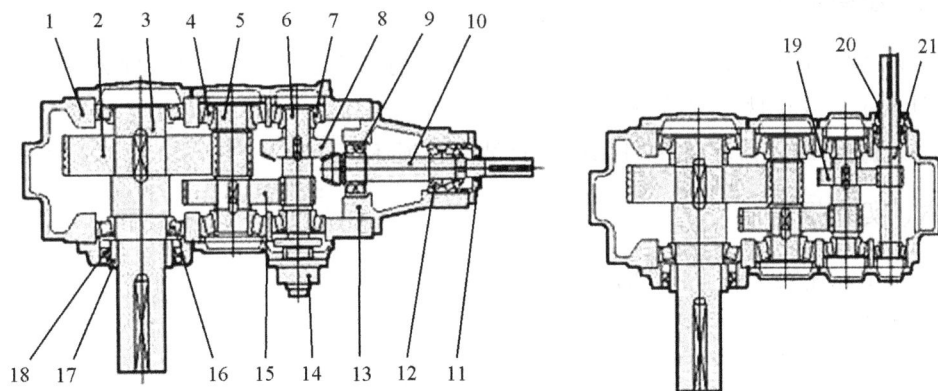

1. 外壳;2. 螺旋齿轮;3. 低速轴;4. 圆锥滚子轴承;5. 小螺旋齿轮轴;6. 小螺旋齿轮轴;7. 圆锥滚子轴承;
8. 锥齿轮;9. 自动调心;10. 小锥齿轮轴;11. 耐油垫圈;12. 圆锥滚子轴承;13. 轴承座;14. 油泵;
15. 螺旋齿轮;16. 圆锥滚子轴承;17. 轴环;18. 耐油垫圈;19. 螺旋齿轮;20. 轴环;21. 小螺旋齿轮轴

图 2-27　减速器结构图

四、实验步骤

1. 分组确定拆装的减速器后,先清点工具、量具,并放在安全、方便的地方。

2. 观察减速器外部结构,判断传动级数、安装方式、输入轴、输出轴等。

3. 观察箱体零件和外观附件,如观察孔、通气孔、油标、油塞、定位销、起盖螺钉、环首螺钉、吊耳、加强筋、散热片、凸缘等,了解它们的功能、结构特点和位置。

4. 拧下箱盖与箱体的联接螺栓(若为凸缘式端盖,还需拆下端盖螺钉),拔出定位销,借助起盖螺钉打开箱盖,并放置稳妥。

5. 确定传动方式,测量中心距,确定齿轮齿数和传动比,判定斜齿轮或蜗杆的旋向及轴向力、轴承代号及安装方式,绘制传动示意图,图上应标注出以上主要参数。

6. 边拆零件,边观察分析,并就各零件的作用、结构、周向定位、轴向定位、间隙调整、润滑、密封、材料等进行讨论。

7. 任选一轴系,仔细观察,简单测量轴上零件,如轴、齿轮、轴套、键、挡油环、甩油环、端盖(或通盖)、调整垫片、密封、与箱体定位方式、材料等。

8. 注意轴承内圈与轴的配合、轴承外圈与机座的配合。但在拆装的减速器中,为了拆装方便,已将轴缩小,将原来的与轴承内圈的过盈配合(为了两者周向固定)改为动配合,与生产实际已不相符,请加以注意,特别不要让轴承掉下砸伤人。

9. 拆、量、观察分析过程结束后,按拆的反顺序,装好减速器,不要遗留零件或将工具留在减速器内。打扫现场,清点工具、量具,交还指导教师。

10. 在完成一台减速器的拆装之后,若有时间可再观察别的类型的减速器,着重比较它们的差异和特点。

五、注意事项

1. 切勿盲目拆装,拆卸前要仔细观察零、部件的结构及位置,考虑好拆装顺序,拆下的零、部件要统一放在盘中,以免丢失和损坏。

2. 爱护工具、仪器及设备,小心仔细拆装避免损坏。

六、实验报告

1. 绘出高速轴及轴承部件的结构图。

2. 思考题。

(1) 如何保证箱体支承具有足够刚度?

(2) 轴承座两侧上下箱连接螺栓应如何布置? 支承该螺栓的凸台高度应如何确定?

(3) 如何减轻箱体的重量和减少箱体的加工面积?

(4) 减速箱的附件,如吊钩、定位销钉、起盖螺钉、油标、油塞、观察孔和通气器(孔)等各起什么作用? 其结构如何? 应如何合理布置?

(5) 轴的热膨胀应如何进行补偿?

(6) 轴承是如何进行润滑的?

（7）如箱座的结合面上有油沟，下箱座应取怎样的相应结构才能使箱盖上的油进入油沟？油沟有几种加工方法？加工方法不同油沟的形状有何异同？

（8）为了使润滑油经油沟后进入轴承，轴承盖的结构应如何设计？

（9）在何种条件下滚动轴承的内侧要用挡油环或封油环？其作用原理、构造和安放位置如何？

（10）大齿轮顶圆距箱底壁间为什么要留一定距离？这个距离如何确定？

第3章 工程材料课程实验

实验一 硬度测试实验

一、实验目的

1. 了解布氏、洛氏硬度的试验原理及适用范围；

2. 了解布氏、洛氏硬度计的基本结构,掌握布氏硬度、洛氏硬度的测试方法。

二、实验仪器和实验材料

1. 实验仪器如下：

(1) HB-3000 型布氏硬度计(图 3-1)。

(2) HR150 型洛氏硬度计(图 3-2)。

(3) 20×读数显微镜。

图 3-1 HB-3000 型布氏硬度计   图 3-2 HR150 型洛氏硬度计

2．实验材料如表 3－1 所示。

表 3－1　实验材料

试样材料牌号	材料状态	硬度范围
45	原材料（供应态）	160～240HB
T8	原材料（供应态）	170～260HB
45	淬火＋200℃回火	＞40HRC
T8	淬火＋200℃回火	＞50HRC
LY12	淬火＋自然时效	＞50HRB

三、实验原理

硬度是衡量金属材料软硬程度的一种力学性能指标，它是材料强度、韧性、塑性和弹性等许多力学性能指标的综合反映。硬度的试验方法很多，基本可分为压入法和刻划法两大类。压入法又可分为动载压入法和静载压入法，常用的布氏硬度、洛氏硬度和维氏硬度均属于静载压入法的硬度试验。硬度值的物理意义随着试验方法的不同，其含义也不同，压入法的硬度值是材料表面抵抗另一物体压入时所引起的塑性变形能力。硬度实验是金属力学性能试验中最简单、迅速和易行的方法，可对零部件直接进行检验，且损伤小，为非破坏性试验。此外，硬度值和抗拉强度之间可以近似换算，换算公式如下：

$$\sigma_b = K \cdot HB \times 10$$

式中：K 为系数，对于不同材料和不同的热处理状态，K 值不同，碳钢的 K 值为 0.36，调质状态的合金钢为 0.34，铸铝为 0.26。

正是因为硬度试验有上述优点，所以被广泛地应用于生产和科研等领域，布氏硬度和洛氏硬度是硬度试验中最常用的两种方法。

（一）布氏硬度试验

1．布氏硬度试验原理。

用一定大小的载荷 P，把直径为 D 的淬火钢球（或硬质合金钢球）压入被测金属表面，保持一定时间后卸除载荷，载荷 P 除以金属压痕的表面积 F 所得的商值就是布氏硬度值，用符号 HB（kg/mm^2）表示。

布氏硬度试验原理图如图 3－3 所示。

$$HB = \frac{P}{F} = \frac{P}{\pi Dh}$$

实际试验时，由于压痕深度 h 较难测量，所以将式中 h 换为压痕直径 d 的表达式：

$$h = \frac{D}{2} - \frac{1}{2}\sqrt{D^2 - d^2}$$

图 3－3　布氏硬度试验原理图

因此

$$HB = \frac{P}{F} = \frac{2P}{\pi D(D - \sqrt{D^2 - d^2})}$$

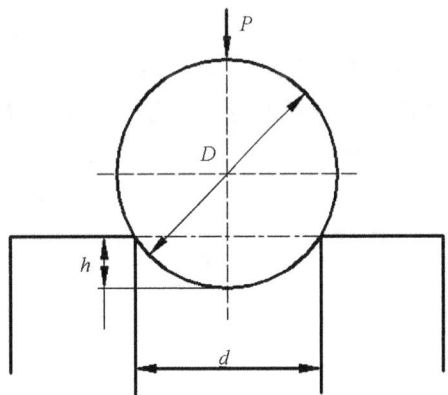

（1）布氏硬度值的计算与查表。

用读数显微镜测出压痕直径 d 后代入上述公式，即可算出布氏硬度值，但在实际应用中一般不用公式计算，只需查表便可得到相应的布氏硬度值。

（2）载荷及压头钢球的选择。

由于金属材料有软有硬，试样有薄有厚，有大有小，如果只采用一种标准的载荷和钢球直径，则可能对有些试样合适，而对另一些试样不合适。例如有些试样会发生整个钢球陷入金属中的现象或有些试样会出现被压透的现象。因此，进行布氏硬度试验时，要采用不同的载荷和不同直径的钢球。而对同一种材料采用不同载荷及不同直径的钢球进行布氏硬度试验，其硬度值应相同，这样就必须使压痕的立体几何形状相似，即压入角 φ 恒定和压痕直径相同（图 3-4），才能保证所测硬度值相同。

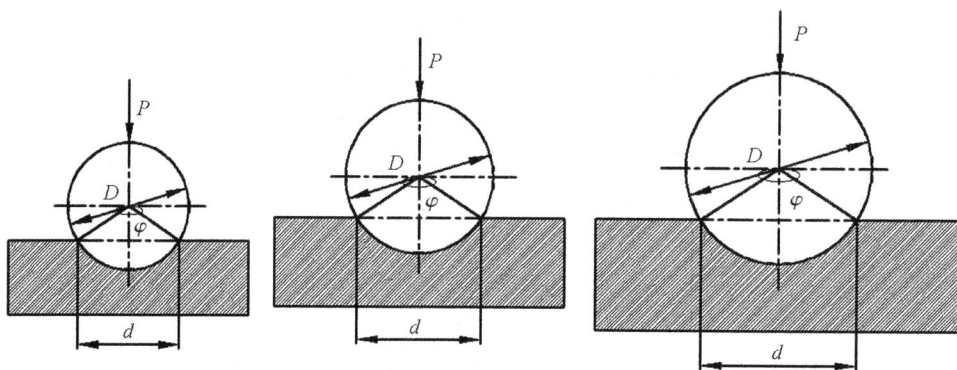

图 3-4 压入角恒定示意图

$$HB = \frac{P}{F} = \frac{2P}{\pi D(D - \sqrt{D^2 - d^2})} = \frac{P}{D^2} \cdot \frac{2}{\pi\left(1 - \cos\frac{\varphi}{2}\right)} \cdot \frac{P}{D^2} = K$$

用读数显微镜测得的压痕直径应在 $0.25D < d < 0.6D$ 范围内，d 过小，说明载荷和压头选择得小，数据准确性将降低；d 过大，钢球刚度及试验机构不能承担，即欲使 HB 及 φ 恒定，P/D^2 亦应为一不变常数 K，通常常数 K 值有 30、10、2.5 三种。只有利用不同的 K 值，才能将 d 调到上述规定范围，只有当 K 值相同时，测出的布氏硬度值才能相互比较。在测量布氏硬度时，应根据试样的牌号、金属种类、状态、厚度来选择 P、D、K 值，如表 3-2 所示。

表 3-2 布氏硬度试验规范

金属种类	布氏硬度值范围（HB）	试样厚度（mm）	K 值（P/D^2）	压头直径 D（mm）	载荷 P（kgf）	保荷时间 T（s）
黑色金属	140~450	6~3	30	10.0	3000	10
		4~2		5.0	750	
		<2		2.5	187.5	
	<140	>6	10	10.0	1000	10
		6~3		5.0	250	

金属种类	布氏硬度值范围(HB)	试样厚度 (mm)	K 值 (P/D^2)	压头直径 D (mm)	载荷 P (kgf)	保荷时间 T(s)
有色金属	>130	6～3	30	10.0	3000	30
		4～2		5.0	750	
		<2		2.5	187.5	
	36～130	9～3	10	10.0	1000	30
		6～3		5.0	250	
	8～35	>6	2.5	10.0	250	60

注：1kgf＝9.8N

（3）布氏硬度的标注。

在选择 $P＝3000kgf$、$D＝10mm$、$T＝10s$ 时，国家标准规定：可不标注布氏硬度值的单位（kgf/mm^2），所测得的硬度值可写成×××HB。如175HB、388HB。当 P、D、T 选择非上述数据时，应以有关数据标明，如 HB5/250/30＝180，则表示用 5mm 直径的压头，在 250kgf 载荷作用下，保荷 30s 后，所测得的布氏硬度值为 180。

（4）对试样的要求。

试样的硬度：试样的硬度应小于 450HB，以防止压头变形和损坏。

试样的厚度：试样的厚度不应小于压痕深度的 10 倍。

试样的面积：必须保证压痕中心距试样边缘的距离不得小于压痕直径的 2.5 倍，两个压痕之间的距离不得小于压痕直径的 4 倍。这是为了避免压痕附近的硬化现象，导致相邻压痕减小，硬度偏高，试样的粗糙度≤R_a0.8。

2. 布氏硬度试验特点。

压痕面积大，能测出试样较大范围内的性能，不受个别组织的影响，特别适合测定灰铸铁、轴承合金和具有粗大晶粒的金属材料，数据稳定，重复性强。由于压痕较大，因此不适合成品及薄片金属检验，通常用于测定铸铁、有色金属、低合金结构钢等原材料及结构钢调质件的硬度。

（二）洛氏硬度试验

1. 原理。

洛氏硬度试验也是压痕试验法，与布氏硬度不同的是：布氏硬度是测量压痕面积，洛氏硬度是测量压痕的深度。洛氏硬度试验法的压头采用锥度为 120°的金刚石圆锥或直径为 1.588mm（1/16in）的钢球。分别施加两次载荷，先加初载荷 F_1，然后加主载荷 F_2，再卸除主载荷。如图 3－5 所示，施加初载荷后压痕深度为 h_0，h_2 为主载荷作用下的压痕深度，卸除主载荷后，由于试样弹性变形的恢复，使压头位置回升一段距离，此时压头受主载荷作用压入深度为 h_1，洛氏硬度就用（$h_1－h_0$）来表示。显然（$h_1－h_0$）数值大，表示材料硬度低；数值小，表示材料硬度高。为了适应人们的习惯（即数值越大，硬度越高），人为规定，采用一常数 K 减去（$h_1－h_0$）来表示硬度值的大小，并规定每 0.002mm 为一洛氏硬度单位，用符号 HR 表示。

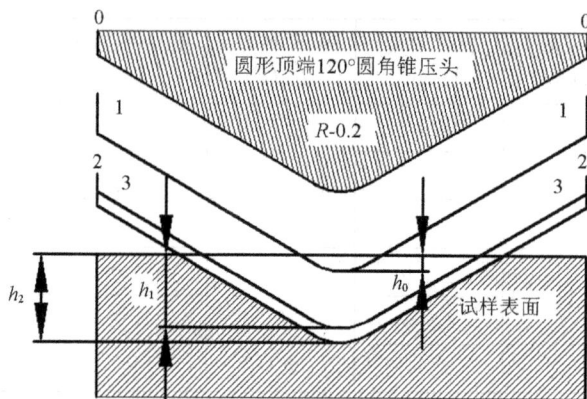

图 3-5 洛氏硬度试验原理图

当采用金刚石圆锥压头,总载荷为 150kgf 时,K 值定为 0.2,符号为 HRC。则计算公式为

$$HRC = \frac{K - (h_1 - h_0)}{0.002} = \frac{0.2 - (h_1 - h_0)}{0.002} = 100 - \frac{h_1 - h_0}{0.002}$$

当采用 ϕ1.588mm 钢球压头,总载荷为 100kgf 时,K 值定为 0.26,符号为 HRB,则计算公式为

$$HRB = \frac{0.26 - (h_1 - h_0)}{0.002} = 130 - \frac{h_1 - h_0}{0.002}$$

洛氏硬度共有 15 种标尺,常用的 C、B、A 三种,有关参数如表 3-3 所示。根据上述表格的参数,结合待测试样的状态,可以选用相应的标尺来测量。一般黑色金属淬火后,选用 C 标尺,黑色金属的供应状态硬度及有色金属选用 B 标尺,试件较薄又硬度很高以及表面硬化工件选用 A 标尺。

表 3-3 洛氏硬度试验规范

标尺符号	压头型号	负荷(kg)			标尺应用范围	应用举例
		初	主	总		
C	120℃金刚石圆锥压头	10	140	150	20~66	淬火、调质钢件
B	ϕ1.588mm钢球压头	10	90	100	25~100	退火钢件和有色金属
A	120℃金刚石圆锥压头	10	50	60	68~85	硬质合金、表面硬化件

2. 洛氏硬度试验特点。

洛氏硬度试验可由硬度计表盘直接读出硬度值,操作简单迅速,适用于成批零部件的检验。采用不同形式的压头,可测量的材料范围较广。由于压痕很小、代表性差、数据分散,因此洛氏硬度精确度没有布氏硬度高。

四、实验步骤

(一) 布氏硬度试验

1. 本实验选用 $P=3000\text{kgf}$;$D=10\text{mm}$;$T=10\text{s}$。

2. 布氏硬度试验的试样表面应无氧化层、油污及表面缺陷,试验面与硬度计支撑面平行。

3. 将试样放在工作台上,顺时针转动手轮,使压头与试样接触,继续转动手轮至手轮打滑。

4. 按动加载按钮,硬度计自动进行加载、保持载荷及卸载。

5. 待加载电机停止转动,载荷回到原位后,逆时针转动手轮,取下试样。用读数显微镜测量试样表面的压痕直径,水平方向、垂直方向各测量一次,然后取平均值,查表即可。

(二) 洛氏硬度试验

1. 根据试样大致硬度,选择测量标尺。如本试验件 45 钢淬火、T8 淬火、T12 淬火应选择 C 标尺,LY12 淬火件则应选择 B 标尺。

2. 将试样放在工作台上,顺时针转动手轮,加初载荷,使工作台缓慢上升,当试样与压头接触后,表盘内的小指针开始转动,使小指针指到红色点,同时还要保证大指针要在 C 或 B 点附近±5 格以内,将大指针调零。

3. 将加载手柄向前推转 45°,加主载荷(注意不要用力过大,以免产生震动,影响测量精度),表盘内大指针停止转动后,保持数秒再向后将手柄扳回至原始位置,这时卸除主载荷,保留初载荷。由表盘大表针停留位置,直接读出硬度值。

4. 逆时针转动手轮,移动试样或取下试样,在每个试样的不同位置测三点。

五、实验报告

1. 将实验数据填入表 3-4 和表 3-5 中。

(1) 布氏硬度。

表 3-4　布氏硬度实验数据

试验材料及状态	压痕直径(mm)			HB
	横向	纵向	平均	

（2）洛氏硬度。

表 3 - 5　洛氏硬度实验数据

项目 试验材料及状态	试验规范			实验结果			
	压头	总载荷 （kgf）	硬度 标尺	第一次	第二次	第三次	平均 硬度值

2. 思考题。

（1）HRC、HRB 在测量时所用的压头、载荷和读数方法有什么区别，各适用于测量什么材料？

（2）说明布氏硬度与洛氏硬度试验的优缺点与应用范围。

实验二　铁碳合金的平衡组织观察

一、实验目的

1. 了解金相显微镜的主要构造与使用方法，初步掌握利用金相显微镜进行显微组织分析的基本方法；

2. 观察和识别铁碳合金（碳钢和白口铸铁）在平衡状态下的显微组织特征；

3. 分析含碳量对铁碳合金平衡组织的影响，加深理解铁碳合金的成分、组织与性能之间的相互关系。

二、实验设备及金相试样

（一）金相显微镜

金相显微镜的型式很多，最常见的有台式、立式、卧式三大类。金相显微镜一般由光学系统、照明系统和机械系统三部分组成，有的金相显微镜还附有摄影装置，常用于鉴别和分析各种金属和合金的组织结构，可广泛应用于工厂或实验室，进行铸件质量的鉴定，原材料的检验或对材料处理后金相组织的研究分析等工作。

（二）金相显微镜的组成与结构

4XB 型金相显微镜的外形结构图如图 3 - 6 所示。整个镜体平稳地安装在圆盘形的底座上。圆盘中空，内有低压钨丝灯作光源，利用灯座的偏心圈将灯泡紧固。灯前有聚光镜组、反光镜和孔径光栏，三者成一组件，安装在支架上。在显微镜体的两侧有粗动和微动调焦手轮，两者在同一部位。转动粗调手轮能使载物台迅速上升或下降，达到粗略调焦的目的。转动微调手轮可使物镜作缓慢地升降移动，达到精确调焦的目的。在粗调手轮的一侧有制动装置,用以固定调焦正确后载物台的位置。载物台是用来放置金相样品的,它和下面的托盘之间有导架,用手推动可改变试样的观察部位。物镜安装在物镜转换器上,转换器上可同时安装三个不同放大倍数的物镜,通过转换器的转动可使各物镜进入光路,和目镜配合改变显微镜的放大倍数。孔径光栏用以调节入射光束的粗细,以保证物象达到清晰的程度。视场光栏用以调节视场区域的大小。4XB 型金相显微镜的放大倍数如表 3-6 所列。

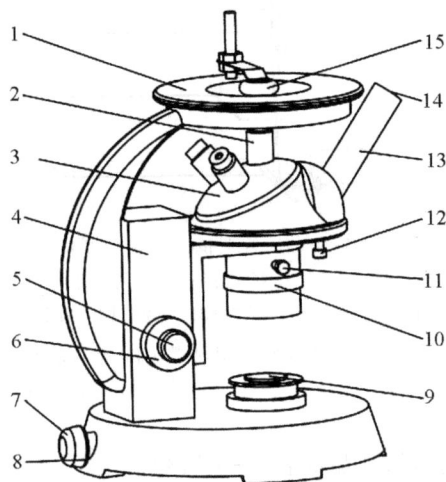

1. 载物台;2. 物镜;3. 转换器;4. 传动箱;5. 微动调焦手轮;
6. 粗动调焦手轮;7. 光源;8. 偏心轮;9. 孔径光栏;10. 视场光栏;
11. 调节螺钉;12. 固定螺钉;13. 目镜管;14. 目镜;15. 样品

图 3-6　4XB 型金相显微镜外形结构图

表 3-6　4XB 型金相显微镜的放大倍数

物镜	目镜		
	5×	10×	12.5×
10×	50×	100×	125×
40×	200×	400×	500×
100×	500×	1000×	1250×

(三) 金相显微镜的工作原理

4XB 型金相显微镜的光学系统如图 3-7 所示。由灯泡 1 发出的光线经聚光透镜组 2 及反光镜 7 聚集到孔径光栏 8,再经过聚光镜 3 聚集到物镜后焦面,最后通过物镜平行照射到试样的表面上。从试样反射回来的光线经物镜组 6 和辅助透镜 5,由半反射镜 4 转向,经过辅助透镜 10 以及棱镜 12 形成一个被观察物体的倒立的放大实像,该像再经过目镜 14 的放大,就成为在目镜视场中能看到的放大虚像。

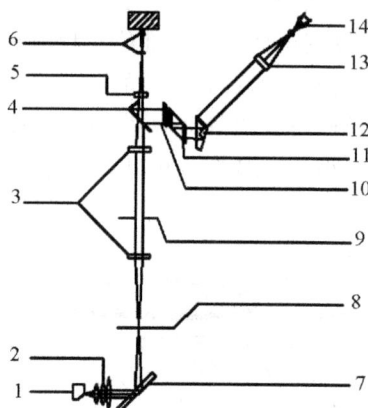

1. 灯泡；2. 聚光透镜组；3. 聚光镜；4. 半反射镜；5. 辅助透镜；
6. 物镜组；7. 反光镜；8. 孔径光栏；9. 视场光栏；10. 辅助透镜；
11. 棱镜；12. 棱镜；13. 场镜；14. 目镜

图 3-7　4XB 型金相显微镜的光学系统

（四）金相试样

实验用各种铁碳合金的显微样品如表 3-7 所列。

表 3-7　铁碳合金显微样品

编号	材料名称	处理方法	显微组织	浸蚀剂
1	工业纯铁	退火	F	
2	20 钢	退火	F+P	
3	45 钢	退火	F+P	
4	60 钢	退火	F+P	
5	T8 钢	退火	P	4% 硝酸酒精溶液
6	T12 钢	退火	$P+Fe_3C_{II}$	
7	亚共晶白口铁	铸态	$P+Fe_3C+Ld'$	
8	共晶白口铁	铸态	Ld'	
9	过共晶白口铁	铸态	$Ld'+Fe_3C_1$	

三、实验原理

研究金属组织的光学显微镜称为金相显微镜，它是由许多光学元件按一定要求组合而成的精密光学仪器。在本实验中通过讲解和实际操作使学生了解常用台式金相显微镜的基本原理、结构、使用和维护方法等。利用金相显微镜观察金属的内部组织和缺陷的方法称为显微分析（或金相分析），在金相显微镜下所看到的组织称为显微组织。合金在极其缓慢的冷却条件（如退火状态）下所得到的组织称为平衡组织，铁碳合金的平衡组织可以根据 $Fe-Fe_3C$ 相图

(见图 3-8)来进行分析。

由 Fe-Fe$_3$C 相图可知,所有的碳钢和白口铸铁在室温时的组织均由铁素体和渗碳体两相组成,但由于合金中的含碳量不同,铁素体和渗碳体的数量、形状、大小及分布状况也不相同,随着含碳量的增加,渗碳体量不断增加,铁素体量不断减少,而且渗碳体的形态和分布情况也发生变化。所以,不同成分的铁碳合金室温下具有不同的组织和性能。钢的组织以铁素体为基体,渗碳体为强化相,而且主要以珠光体的形式出现,使钢的强度和硬度提高,故钢中珠光体量愈多,其强度、硬度愈高,而塑性、韧性相应降低。但过共析钢中当渗碳体明显地以网状分布在晶界上,特别在白口铁中渗碳体成为基体或以板条状分布在莱氏体基体上,将使铁碳合金的塑性和韧性大大下降,以致合金的强度也随之降低。这就是高碳钢和白口铸铁脆性高的主要原因。

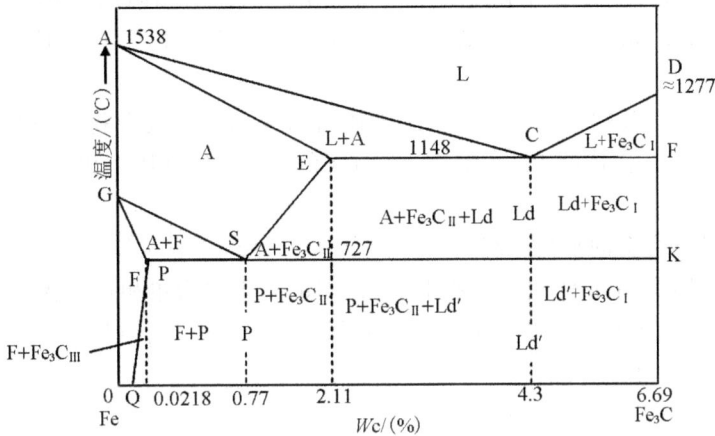

图 3-8 Fe-Fe$_3$C 相图

钢的力学性能随含碳量的变化规律如图 3-9 所示。当钢中碳含量小于 0.9% 时,随含碳量的增加,钢的强度、硬度直线上升,而塑性、韧性不断下降;当钢中碳含量大于 0.9% 时,因网状渗碳体的存在,不仅使钢的塑性、韧性进一步降低,而且强度也明显下降。为了保证工业上使用的钢具有足够的强度,并具有一定的塑性和韧性,钢中碳的质量分数一般都不超过 1.4%。至于碳含量大于 2.11% 的白口铸铁,由于组织中出现大量的渗碳体,使性能硬而脆,难以切削加工,因此在一般机械制造中应用很少。

1. 室温下铁碳合金基本组织的显微组织特征。

(1) 铁素体(F):是碳溶于 α-Fe 中形成的间隙固溶体,经 3%~5% 的硝酸酒精溶液浸蚀后,在显微镜下显示为白亮色多边形晶粒。在亚共析钢中,铁素体呈块状分布;当含碳量接近于共析成分时,铁素体则呈断续的网状分布于珠光体周围。

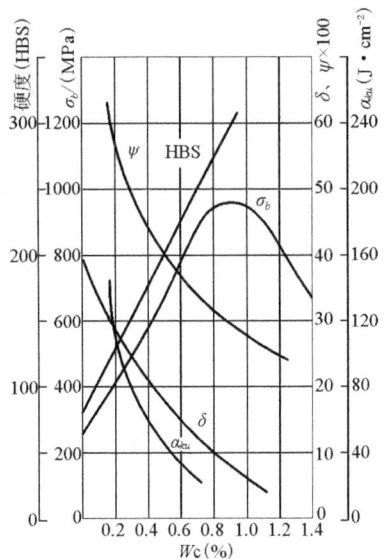

图 3-9 钢的力学性能随含碳量的变化规律

（2）渗碳体（Fe₃C）：是铁与碳形成的一种化合物。经 3%～5% 的硝酸酒精溶液浸蚀后，渗碳体呈亮白色；若用苦味酸钠溶液浸蚀，则渗碳体呈黑色，而铁素体仍为白色，由此可以区别铁素体与渗碳体。由于铁碳合金中的成分和形成条件不同，渗碳体可以呈现不同的形状：一次渗碳体是由液相中直接析出，可以自由长大，呈粗大的片状；二次渗碳体是从奥氏体中析出的，呈网状分布。

（3）珠光体（P）：是铁素体和渗碳体的多相混合物。在平衡状态下，它是由铁素体和渗碳体相间排列的层片状组织。经 3%～5% 硝酸酒精溶液浸蚀后，铁素体和渗碳体皆呈亮白色，但其边界被浸蚀而成黑色线条。在不同的放大倍数下观察时，组织特征则有所区别。在高倍（600× 以上）下观察时，珠光体中平行相间的宽条铁素体和细条渗碳体都呈亮白色，而其边界呈黑色；在中倍（400× 左右）下观察时，白亮色的渗碳体被黑色边界所"吞食"，而成为细黑条，这时看到珠光体是宽白条铁素体和细黑条渗碳体的相间混合物；在低倍（200× 以下）下观察时，连宽白条的铁素体和细黑条的渗碳体也很难分辨，这时珠光体为黑色块状组织。

（4）变态莱氏体（Ld'）：是珠光体和渗碳体所组成的多相混合物。经 3%～5% 硝酸酒精溶液浸蚀后，变态莱氏体的组织特征是，在白亮色的渗碳体基体上相间分布着黑色点（块）状或条状珠光体。

2. 室温下铁碳合金的平衡组织。

（1）工业纯铁：其中碳的质量分数小于 0.0218%，组织为单相铁素体，呈白亮色的多边形晶粒，晶界呈黑色的网络，晶界上有时分布着微量的三次渗碳体（Fe₃C$_{\text{Ⅲ}}$）。工业纯铁的显微组织如图 3-10 所示。

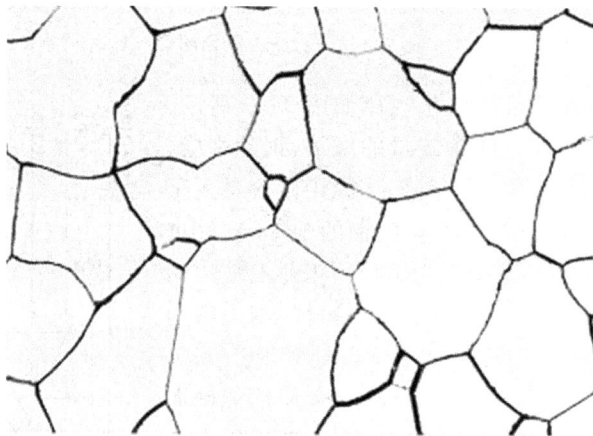

图 3-10　工业纯铁的显微组织

（2）亚共析钢：其中碳的质量分数为 0.0218%～0.77%，组织为铁素体和珠光体。随着钢中含碳量的增加，珠光体的相对量逐渐增加，而铁素体的相对量逐渐减少。20 钢、45 钢、60 钢的显微组织如图 3-11 所示。

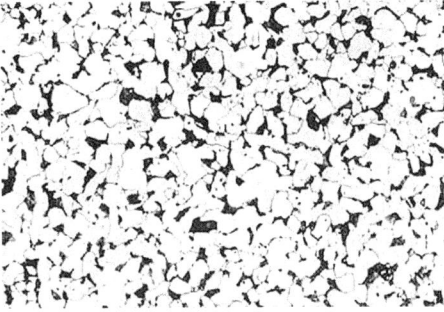

材料名称：20 钢
处理方法：退火
浸湿剂：4％硝酸酒精溶液
放大倍数：300×
显微组织：F(白块)＋P(黑块)

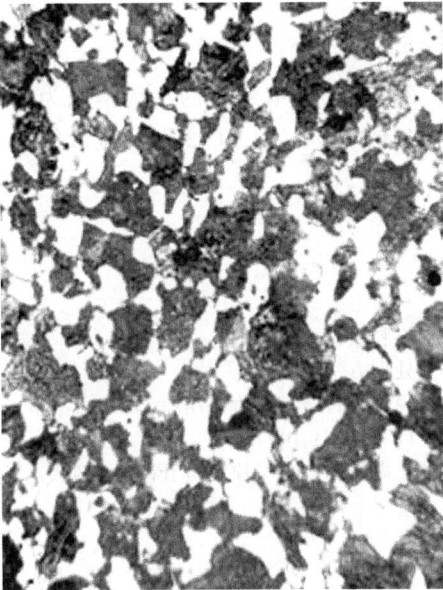

材料名称：45 钢
处理方法：退火
浸湿剂：4％硝酸酒精溶液
放大倍数：200×
显微组织：F(白块)＋P(黑块)

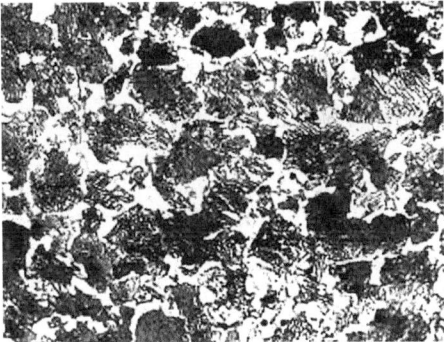

材料名称：60 钢
处理方法：退火
浸湿剂：4％硝酸酒精溶液
放大倍数：200×
显微组织：F(白块)＋P(黑块)

图 3-11 亚共析钢的显微组织

(3) 共析钢：其中碳的质量分数为 0.77％，室温组织为单一的珠光体。共析钢(T8 钢)的显微组织如图 3-12 所示。

材料名称：T8 钢
处理方法：退火
浸湿剂：4%硝酸酒精溶液
放大倍数：500×
显微组织：P(层片状)

图 3-12　T8 钢的显微组织

（4）过共析钢：其中碳的质量分数为 0.77%～2.11%，在室温下的平衡组织为珠光体和二次渗碳体。其中，二次渗碳体呈网状分布在珠光体的边界上。T12 钢的显微组织如图 3-13 所示。

材料名称：T12 钢
处理方法：退火
浸湿剂：4%硝酸酒精溶液
放大倍数：400×
显微组织：P(层片状)+Fe$_3$C$_{II}$(网状)

图 3-13　T12 钢的显微组织

（5）亚共晶白口铸铁：其中碳的质量分数为 2.11%～4.3%，室温下的显微组织为珠光体、二次渗碳体和变态莱氏体。其中，变态莱氏体为基体，在基体上呈较大的黑色块状或树枝状分布的为珠光体，在珠光体枝晶边缘有一层白色组织为二次渗碳体。亚共晶白口铸铁的组织如图 3-14 所示。

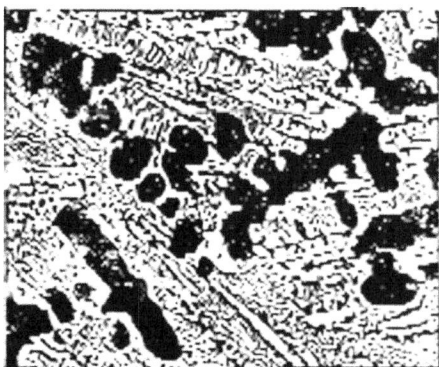

材料名称：亚共晶白口铸铁
处理方法：铸态
浸湿剂：4%硝酸酒精溶液
放大倍数：400×
显微组织：P(黑色块状或枝状)+Fe$_3$C$_{II}$+Ld'

图 3-14　亚共晶白口铸铁的显微组织

（6）共晶白口铸铁：其中碳的质量分数为 4.3%，其室温下的显微组织为变态莱氏体，其中，渗碳体为白亮色基体，而珠光体呈黑色细条及斑点状分布在基体上。共晶白口铸铁的显微组织如图 3-15 所示。

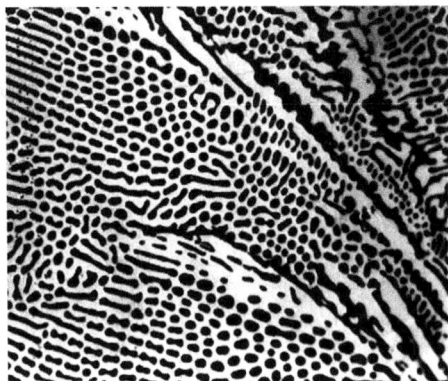

材料名称：共晶白口铸铁
处理方法：铸态
浸湿剂：4%硝酸酒精溶液
放大倍数：400×
显微组织：Ld'（黑色块、点状为 P+白色为 Fe_3C 基体）

图 3-15　共晶白口铸铁的显微组织

（7）过共晶白口铸铁：其中碳的质量分数为 4.3%～6.69%，室温下的显微组织为变态莱氏体和一次渗碳体。一次渗碳体呈白亮色条状分布在变态莱氏体的基体上。过共晶白口铸铁的显微组织如图 3-16 所示。

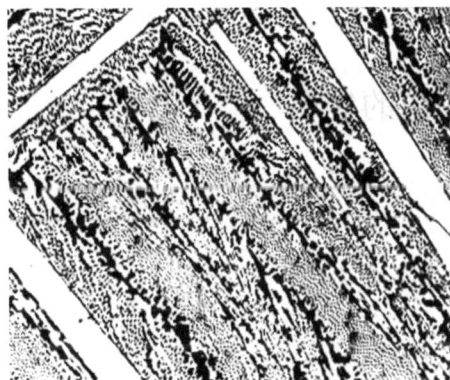

材料名称：过共晶白口铸铁
处理方法：铸态
浸湿剂：4%硝酸酒精溶液
放大倍数：200×
显微组织：Fe_3C_1（白色宽长条）+ Ld'

图 3-16　过共晶白口铸铁的显微组织

四、实验步骤

1. 在教师指导下，熟悉金相显微镜的基本结构，并对其进行简单的操作。

2. 在显微镜下认真观察表 3-7 中所列样品的显微组织，识别各种显微组织特征，并观察分析含碳量对组织的影响。

3. 在金相显微镜下选择各试样显微组织的典型区域，并根据组织特征描绘出其显微组织示意图。

4. 记录所观察的各试样名称、显微组织、浸蚀剂、放大倍数及组织特征，并用引线标出各显微组织示意图中组织组成物的名称。

5. 估算所观察的各亚共析碳钢显微组织中各组织组成物的相对量，并利用所学的杠杆原理加以验证。

6. 在移动金相试样时,不得用手指触摸试样表面或将试样表面在载物台上滑动,以免引起显微组织模糊不清,影响观察效果。

五、实验报告

1. 观察各铁碳合金样品的显微组织,在 ϕ30mm 的圆内画出其显微组织示意图,用引线和符号标出其各种组织的名称,并填写出材料名称、金相显微组织、处理方法、放大倍数、浸蚀剂。金相显微组织记录格式如图 3-17 所示。

材料名称 _____

金相显微组织 _____

处理方法 _____

放大倍数 _____

浸蚀剂 _____

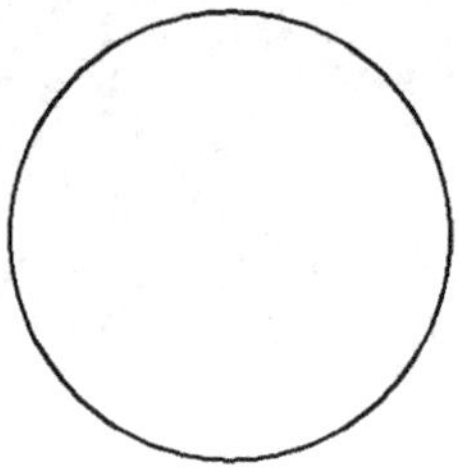

图 3-17 金相显微组织记录格式

2. 根据所观察的组织,分析说明含碳量对铁碳合金平衡组织和性能的影响。

3. 在铁碳合金的显微组织中观察到的铁素体和渗碳体有哪几种形态? 它们分别在什么情况下存在?

实验三 金相试样的制备

一、实验目的

1. 了解金相试样的制备过程;

2. 初步掌握金相试样制备、浸蚀的基本方法。

二、实验仪器和设备

1. 4XB 型金相显微镜。

2. 砂轮机、抛光机、金相砂纸及玻璃板、吹风机。

3. 待磨试样、抛光液、浸蚀剂。

三、实验步骤

金相试样制备过程一般包括:取样、粗磨、细磨、抛光和浸蚀五个步骤。

(一) 取样

从需要检测的金属材料和零件上截取试样称为"取样"。取样的部位和磨面的选择必须根据分析要求而定。截取方法有多种,对于软材料可以用锯、车、刨等方法;对于硬材料可以用砂轮切片机或线切割机等切割的方法;对于硬而脆的材料可以用锤击的方法。无论用哪种方法都应注意,尽量避免和减轻因塑性变形或受热引起的组织失真现象。试样的尺寸并无统一规定,从便于握持和磨制角度考虑,一般直径或边长为 15～20mm,高为 12～18mm 比较适宜。对那些尺寸过小、形状不规则和需要保护边缘的试样,可以采取镶嵌或机械夹持的办法。

金相试样的镶嵌,是利用热塑性塑料(如聚氯乙烯)、热凝性塑料(如胶木粉)及冷凝性塑料(如环氧树脂＋固化剂)作为填料进行的。前两种属于热镶填料,热镶必须在专用设备——镶嵌机上进行。第三种属于冷镶填料,冷镶方法不需要专用设备,只将适宜尺寸(约 ϕ15～ϕ20mm)的钢管、塑料管或纸壳管放在平滑的塑料(或玻璃)板上,试样置于管内待磨面朝下倒入填料,放置一段时间凝固硬化即可。

(二) 粗磨

粗磨的目的主要有以下三点:

1. 修整:有些试样,例如用锤击法敲下来的试样,形状很不规则,必须经过粗磨,修整为规则形状的试样。

2. 磨平:无论用什么方法取样,切口往往不十分平滑,为了将观察面磨平,同时去掉切割时产生的变形层,必须进行粗磨。

3. 倒角:在不影响观察目的的前提下,需将试样上的棱角磨掉,以免划破砂纸和抛光织物。黑色金属材料的粗磨在砂轮机上进行,具体操作方法是将试样牢牢地捏住,用砂轮的侧面磨制。在试样与砂轮接触的一瞬间,尽量使磨面与砂轮面平行,用力不可过大。由于磨削力的作用,往往出现试样磨面的上半部分磨削量偏大,故需人为地进行调整,尽量加大试样下半部分的压力,以求整个磨面均匀受力。另外在磨制过程中,试样必须沿砂轮的径向往复缓慢移动,防止砂轮表面形成凹沟。必须指出的是,磨削过程会使试样表面温度骤然升高,只有不断地将试样浸水冷却,才能防止组织发生变化。砂轮机转速比较快,一般为 2850r/min,操作者不应站在砂轮的正前方,以防被飞出物击伤。操作时严禁戴手套,以免手被卷入砂轮机。

(三) 细磨

粗磨后的试样,磨面上仍有较粗较深的磨痕,为了消除这些磨痕必须进行细磨。细磨,可分为手工磨和机械磨两种。

1. 手工磨:是将砂纸铺在玻璃板上,左手按住砂纸,右手握住试样在砂纸上作单向推磨。金相砂纸由粗到细分许多种,其规格可参考表 3−8。

表 3−8　常用金相砂纸的规格

金相砂纸编号	01	02	03	04	05	06
粒度序号	M28	M20	M14	M10	M7	M5
砂粒尺寸(μm)	28～20	20～14	14～10	10～7	7～5	5～3.5

注:表中的编号为多数厂家所用编号,目前没有统一规格

用砂轮粗磨后的试样,要依次由 01 号磨至 05 号(或 06 号),操作时必须注意:

(1)加在试样上的力要均匀,使整个磨面都能被磨到。

（2）在同一张砂纸上磨痕方向要一致，并与前一道砂纸磨痕方向垂直，待前一道砂纸磨痕完全消失时才能换用下一道砂纸。

（3）每次更换砂纸时，必须将试样、玻璃板清理干净，以防将粗砂粒带到细砂纸上。

（4）磨制时不可用力过大，否则一方面因磨痕过深增加下一道磨制的困难，另一方面因表面变形严重影响组织真实性。

（5）砂纸的砂粒变钝磨削作用明显下降时，不宜继续使用，否则砂粒在金属表面产生的滚压会增加表面变形。

（6）磨制铜、铝及其合金等软材料时，用力更要轻，可同时在砂纸上滴些煤油，以防脱落砂粒嵌入金属表面。

2. 机械磨：目前普遍使用的机械磨设备是预磨机。电动机带动铺着水砂纸的圆盘转动，磨制时，将试样沿盘的径向来回移动，用力要均匀，边磨边用水冲。水流既起到冷却试样的作用，又可以借助离心力将脱落砂粒、磨屑等不断地冲到转盘边缘。机械磨的磨削速度比手工磨制快得多，但平整度不够好，表面变形层也比较严重，因此要求较高的或材质较软的试样应该采用手工磨制。

（四）抛光

抛光的目的是去除细磨后遗留在磨面上的细微磨痕，得到光亮无痕的镜面。抛光的方法有机械抛光、电解抛光和化学抛光三种，其中最常用的是机械抛光。

机械抛光在抛光机上进行，将抛光织物（粗抛常用帆布，精抛常用毛呢）用水浸湿、铺平、绷紧并固定在抛光盘上。启动开关使抛光盘逆时针转动，将适量的抛光液（氧化铝、氧化铬或氧化铁抛光粉加水的悬浮液）滴洒在盘上即可进行抛光，抛光时应注意：

1. 试样沿盘的径向往返缓慢移动，同时逆抛光盘转向自转，待抛光快结束时作短时定位轻抛。

2. 在抛光过程中，要经常滴加适量的抛光液或清水，以保持抛光盘的湿度，如发现抛光盘过脏或带有粗大颗粒时，必须将其冲刷干净后再继续使用。

3. 抛光时间应尽量缩短，不可过长，为满足这一要求可分粗抛和精抛两步进行。

4. 抛光有色金属（如铜、铝及其合金等）时，最好在抛光盘上涂少许肥皂或滴加适量的肥皂水。

机械抛光与细磨本质上都是借助磨料尖角锐利的刃部，切去试样表面隆起的部分。抛光时，抛光织物纤维稀疏分布的极微细的磨料颗粒产生磨削作用，将试样抛光。目前，人造金刚石研磨膏（最常用的有 W0.5、W1.0、W1.5、W2.5、W3.5 五种规格的溶水性研磨膏）代替抛光液，正得到日益广泛的应用。用极少的研磨膏均匀涂在抛光织物上进行抛光，抛光速度快，质量也好。

（五）浸蚀

抛光后的试样在金相显微镜下观察，只能看到光亮的磨面，如果有划痕、水迹或材料中的非金属夹杂物、石墨以及裂纹等也可以看出来，但是要分析金相组织还必须进行浸蚀。

浸蚀的方法有多种，最常用的是化学浸蚀法，利用浸蚀剂对试样的化学溶解和电化学浸蚀作用将组织显露出来。纯金属（或单相均匀固溶体）的浸蚀基本上为化学溶解过程，位于晶界处的原子与晶粒内部原子相比,自由能较高,稳定性较差,故易受浸蚀形成凹沟。晶粒内部被浸蚀程度较轻,大体上仍保持原抛光平面。在明场下观察,可以看到一个个晶粒被晶界(黑色网络)隔开。如浸蚀较深,还可以发现各个晶粒明暗程度不同的现象。这是因为每个晶粒原子排列的位向不同,浸蚀后,以最密排面为主的外露面与原抛光面之间倾斜程度不同的缘故。两相合金的浸蚀与单相合金不同,它主要是一个电化学浸蚀过程。在相同的浸蚀条件下,具有较高负电位的相(微电池阳极)被迅速溶解凹陷下去,而具有较高正电位的相(微电池阴极)在正常电化学作用下不被浸蚀,保持原有的光滑平面,结果产生了两相之间的高度差。

以共析碳钢层状珠光体浸蚀为例,层状珠光体是铁素体与渗碳体相间的层状组织。浸蚀过程中,因铁素体具有较高的负电位而被溶解,渗碳体因具有较高的正电位而被保护。另外在两相交界处铁素体一侧因被严重浸蚀形成凹沟,这样在显微镜下可以看到渗碳体周围有一黑圈,显示出两相的存在。多相合金的浸蚀,同样也是一个电化学溶解过程,原理与两相合金相同。但多相合金的组成相比较复杂,用一种浸蚀剂来显示多种相是难以做到的,只有采用选择浸蚀法及薄膜浸蚀法等专门方法才行。化学浸蚀的方法虽然很简单,但是只有认真对待才能制备出高质量的试样。将抛光后的试样用水冲洗同时用脱脂棉擦净磨面,然后用滤纸吸去磨面上过多的水,吹干后用显微镜检查磨面上是否有划痕、水迹等,未经过浸蚀的试样是无法分析组织的。经检查后合格的试样可以放在浸蚀剂中,抛光面朝上,不断观察表面颜色的变化,这是浸蚀法。也可以用沾有浸蚀剂的棉花轻轻擦拭抛光面,观察表面颜色的变化,此为擦蚀法。待试样表面被浸蚀得略显灰暗时即刻取出,用流动水冲洗后在浸蚀面上滴些酒精,再用滤纸吸去过多的水和酒精,迅速用吹风机吹干,完成整个制备试样的过程。

四、实验报告

1. 简述制备金相试样的过程。
2. 根据自己的实践体会说说,在制备金相试样时应注意哪些事项?

实验四　碳钢非平衡显微组织观察

一、实验目的

1. 观察和研究碳钢经不同形式热处理后显微组织的特点;
2. 了解热处理工艺对碳钢组织和性能的影响。

二、实验仪器和设备

1. 金相显微镜。
2. 金相图谱及放大的金相图片。
3. 各种经不同热处理的显微样品。

三、实验原理

铁碳合金经缓冷后的显微组织基本上与铁碳合金相图上的各种平衡组织相符合。但碳钢在不平衡状态,即在快冷条件下的显镜组织就不能用铁碳合金相图来加以分析,而应由过冷奥氏体等温转变曲线图即 C 曲线来确定。图 3-18 为共析钢的 C 曲线图,按照不同的冷却条件,过冷奥氏体将在不同的温度范围发生不同类型的转变。通过金相显微镜观察,可以看出过冷奥氏体各种转变产物的组织形态各不相同。共析钢过冷奥氏体在不同温度转变的组织特征及性能如表 3-9 所示。

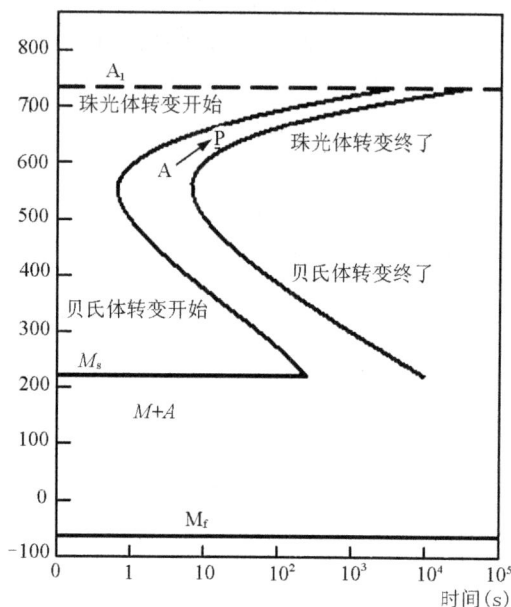

图 3-18 共析钢的 C 曲线

表 3-9 共析钢(T8)过冷奥氏体在不同温度转变的组织及性能

转变类型	组织名称	形成温度范围(℃)	金相显微组织特征	硬度(HRC)
珠光体型相变	珠光体(P)	<650	在 400~500 倍金相显微镜下可观察到铁素体和渗碳体的片层状组织	0~20(180~200HB)
	索氏体(S)	600~650	在 800~1000 倍以上的显微镜下才能分清片层状特征,在低倍下片层模糊不清	25~35
	屈氏体(T)	550~600	用光学显微镜观察时呈黑色团状组织,只有在电子显微镜(5000~15000×)下才能看出片层组织	35~40

转变类型	组织名称	形成温度范围（℃）	金相显微组织特征	硬度（HRC）
贝氏体型相变	上贝氏体（B上）	350～550	在金相显微镜下呈暗灰色的羽毛状特征	40～48
	下贝氏体（B下）	220～350	在金相显微镜下呈黑色针叶状特征	48～58
马氏体型相变	马氏体（M）	<230	在正常淬火温度下呈细针状马氏体（隐晶马氏体），过热淬火时则呈粗大片状马氏体	62～65

（一）钢的退火和正火组织

亚共析成分的碳钢（如 40、45 钢等）一般采用完全退火，经退火后可得到接近于平衡状态的组织，其组织特征已在前面实验中加以分析和观察。过共析成分的碳素工具钢（如 T10、T12 钢等）一般采用球化退火，T12 钢经球化退火后组织中的二次渗碳体及珠光体中的渗碳体都将变成颗粒状，如图 3－19 所示，图中均匀而分散的细小粒状组织就是粒状渗碳体。45 钢经正火后的组织通常要比退火组织细，珠光体的相对含量也比退火组织中的多，如图 3－20 所示，原因在于正火冷却速度稍大于退火冷却速度。

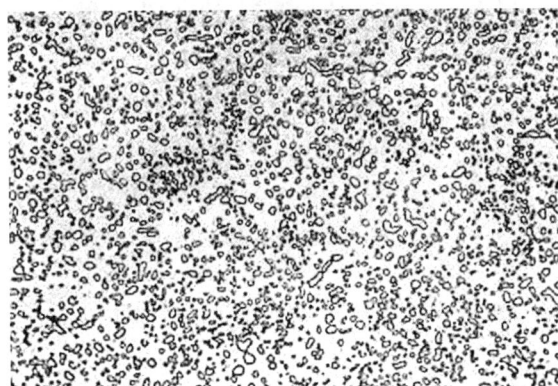

图 3－19　T12 钢球化退火组织 500×

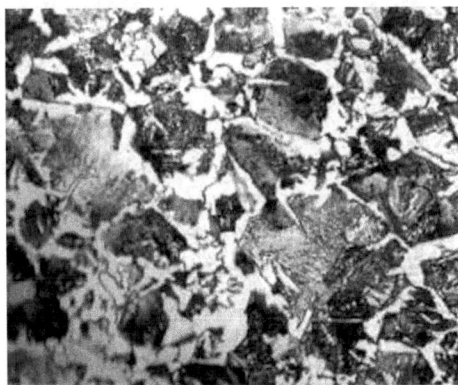

图 3－20　45 钢经正火后的组织 500×

（二）钢的淬火组织

将 45 钢加热到 760℃（即 A_{c1} 以上，但低于 A_{c3}），然后在水中冷却，这种淬火称为不完全淬火。根据 Fe－Fe_3C 相图可知，在这个温度加热，部分铁素体尚未溶入奥氏体中，经淬火后将得到马氏体和铁素体组织。在金相显微镜中观察到的是呈暗色针状马氏体基底上分布有白色块状铁素体,如图 3 - 21 所示。

45 钢经正常淬火后将获得细针状马氏体,如图 3 - 22 所示。由于马氏体针非常细小,在显微镜中不易分清。若将淬火温度提高到 1000℃(过热淬火),由于奥氏体晶粒的粗化,经淬火后将得到粗大针状马氏体组织,如图 3 - 23 所示。若将 45 钢加热到正常淬火温度,然后在油中冷却,则由于冷却速度不足($V < V_K$),得到的组织将是马氏体和部分屈氏体(或混有少量贝氏体)。图 3 - 24 为 45 钢经加热到 800℃保温后油冷的显微组织,亮白色为马氏体,呈黑色块状分布于晶界处的为屈氏体。

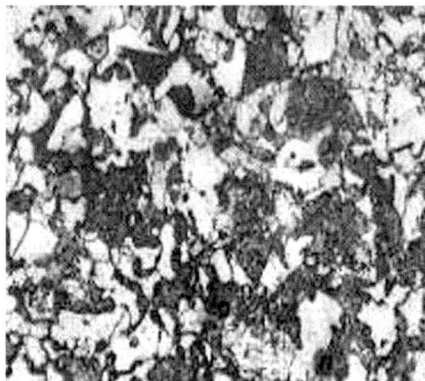

图 3 - 21　45 钢不完全淬火组织 500×

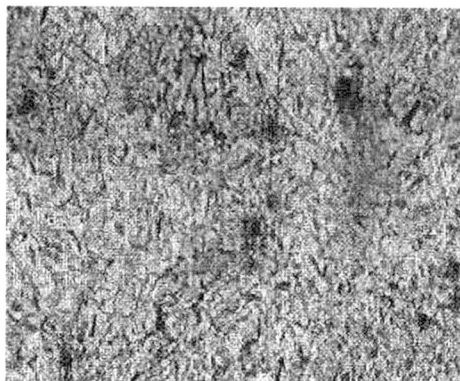

图 3 - 22　45 钢正常淬火组织 500×

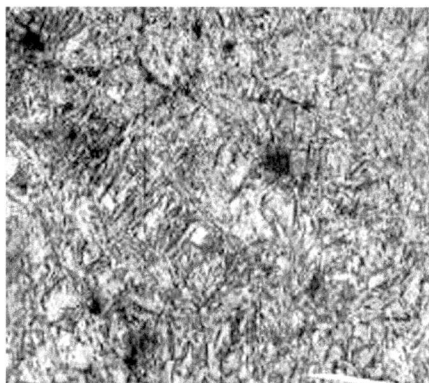

图 3 - 23　45 钢过热淬火组织 500×

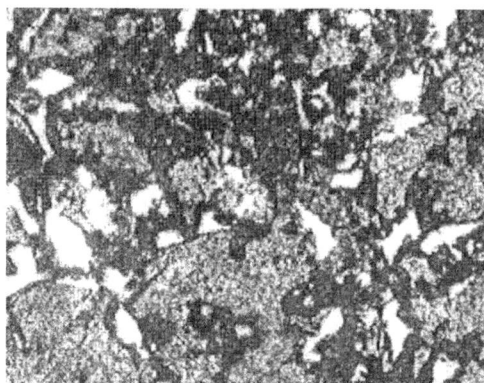

图 3 - 24　45 钢 800℃油冷的显微组织 500×

(三) 淬火后的回火组织

钢经淬火后所得到的马氏体和残余奥氏体均为不稳定组织,它们具有向稳定的铁素体和渗碳体的两相混合物组织转变的倾向。通过回火将钢加热,提高原子活动能力,可促进这个转变过程的进行。淬火钢经不同温度回火后所得到的组织不同,通常按组织特征分为以下三种:

1. 回火马氏体:淬火钢经低温回火(150～250℃),马氏体内的过饱和碳原子脱溶沉淀,析出与母相保持着共格联系的 ε 碳化物,这种组织称为回火马氏体。回火马氏体仍保持针片状特征,但容易受浸蚀,故颜色要比淬火马氏体深些,是暗黑色的针状组织,如图 3-25 所示。

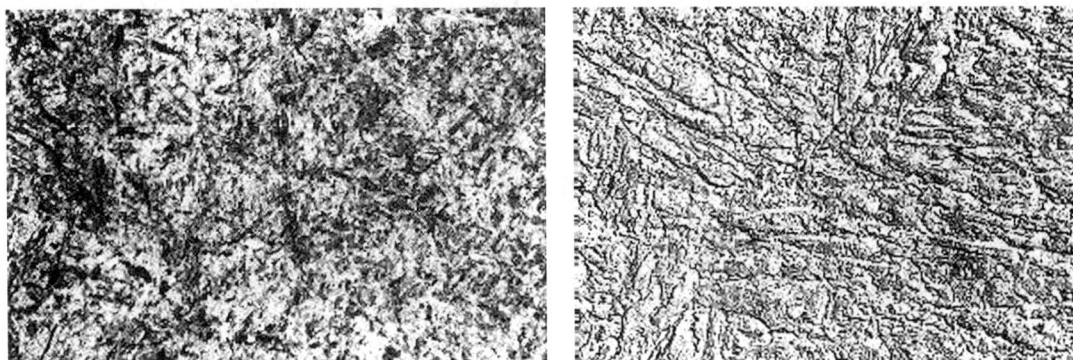

(a) 金相照片　　　　　　　　　　(b) 电镜照片

图 3-25　45 钢低温回火组织

2. 回火屈氏体:淬火钢经中温回火(350~500℃)得到在铁素体基体中弥散分布着微小粒状渗碳体的组织,称为回火屈氏体。回火屈氏体中的铁素体仍然基本保持原来针状马氏体的形态,渗碳体则呈细小的颗粒状,在光学显微镜下不易分辨清楚,故呈暗黑色,如图 3-26(a)所示。用电子显微镜可以看到这些渗碳体质点,并可以看出回火屈氏体仍保持有针状马氏体的位向,如图 3-26(b)所示。

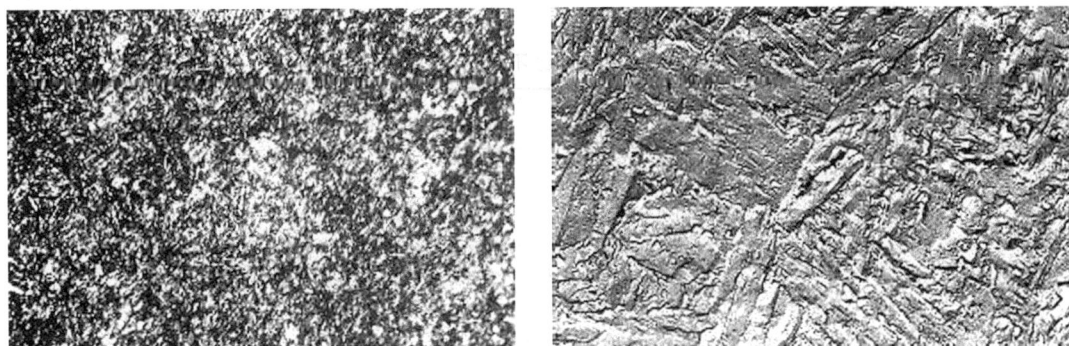

(a) 金相照片　　　　　　　　　　(b) 电镜照片

图 3-26　45 钢 400℃ 回火组织

3. 回火索氏体:淬火钢经高温回火(500~650℃)得到的组织称为回火索氏体,其特征是已经聚集长大了的渗碳体颗粒均匀分布在铁素体基体上,如图 3-27 (a)所示。用电子显微镜可以看出回火索氏体中的铁素体已不呈针状形态而成等轴状,如图 3-27(b)所示。

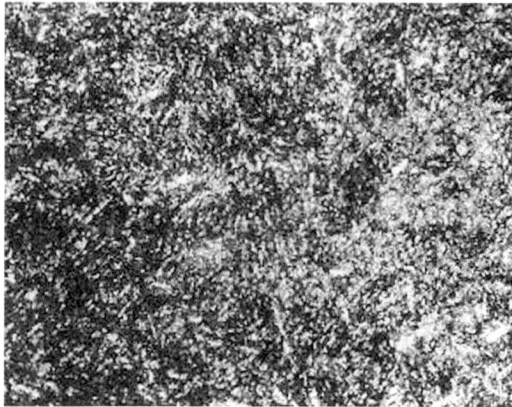
（a）金相照片

（b）电镜照片

图 3-27 45 钢 600℃ 回火组织

四、实验步骤

1. 每组领取一套样品,在指定的金相显微镜下进行观察。观察时根据 Fe-Fe₃C 相图和奥氏体等温转变图来分析确定各种组织的形成原因。

2. 画出所观察到的几种典型的显微组织形态特征,并注明组织名称、热处理条件及放大倍数等。

3. 本实验所研究的 45 钢及 T12 钢的热处理工艺、显微组织、浸蚀剂及放大倍数列于表3-10。

表 3-10 45 钢和 T12 钢经不同热处理后的显微组织

编号	热处理工艺		显微组织特征	放大倍数
1		退火:860℃炉冷	珠光体+铁素体(呈亮白色块状)	400×
2		正火:860℃空冷	细珠光体+铁素体(块状)	500×
3		淬火:760℃水冷	针状马氏体+部分铁素体(白色块状)	500×
4		860℃水冷	细针马氏体+残余奥氏体(亮白色)	500×
5	45 钢	860℃油冷	细针马氏体+屈氏体(暗黑色块状)	500×
6		1000℃水冷	粗针状马氏体+残余奥氏体(亮白色)	500×
7		860℃水淬和200℃回火	细针状回火马氏体(针呈暗黑色)	500×
8		860℃水淬和400℃回火	针状铁素体+不规则粒状渗碳体	500×
9		860℃水淬和600℃回火	等轴状铁素体+粒状渗碳体	500×
10		退火:760℃球化	铁素体+球状渗碳体(细粒状)	400×
11	T12 钢	淬火:780℃水冷	细针马氏体+粒状渗碳体(亮白色)	500×
12		1000℃水冷	粗片马氏体+残余奥氏体(亮白色)	500×

4. 注意事项如下:

(1) 对各类不同热处理工艺的组织,观察时可采用对比的方式进行分析研究,例如正常淬火与不正常淬火、水淬与油淬、淬火马氏体与回火马氏体等。

(2) 对各种不同温度回火后的组织,可采用高倍放大进行观察,必要时参考有关金相图谱。

五、实验报告

1. 画出几种典型的显微组织图。

2. 分析样品 3 与 4、3 与 5、4 与 5、4 与 7 的异同处,并说明原因。

实验五　铸铁、合金钢及有色金属的显微组织观察

一、实验目的

1. 观察灰口铸铁、球墨铸铁和可锻铸铁中的石墨形态、大小、分布情况及特点;

2. 熟悉上述三种铸铁的各种基体组织;

3. 观察高速钢与铜合金、铝合金的显微组织;

4. 分析这些金属材料的组织与性能的关系及应用。

二、实验设备和样品

1. 4XB 金相显微镜。

2. 样品:

(1) 灰口铸铁:分别以铁素体、珠光体、珠光体+铁素体为基体。

(2) 球墨铸铁:分别以铁素体、珠光体、珠光体+铁素体为基体。

(3) 可锻铸铁:以铁素体和珠光体为基体。

(4) 高速钢 W18Cr4V 的铸态、淬火、淬火+回火。

(5) 单相黄铜、双相黄铜。

(6) 硅铝明的铸态和铸造后的变质处理。

3. 参考金相图片。

三、实验原理

(一) 铸铁

铸铁是含碳量大于 2.0% 的铁碳合金,工业上一般铸铁成分大致如下:2.0%~4.0%C、0.6%~3.0%Si、0.2%~1.2%Mn、0.1%~0.2%P、0.08%~0.15%S,根据碳在铸铁所处的状态不同,可分两类:白口铸铁和灰口铸铁。白口铸铁中碳以渗碳体形式存在,灰口铸铁中碳以石墨形式存在,工业中碳以石墨形式存在的铸铁用途最广。

通过不同处理条件,可使石墨呈不同的形状。当石墨以片状形式存在称为灰铸铁,灰铸铁的机械性能较差,σ_b 下限在 $10\sim12kg/mm^2$ 左右,上限可达 $38\sim40kg/mm^2$,δ 值几乎等于

零。灰铸铁的机械性能之所以低,是因为片状石墨的存在起着分割基体的作用,再者片状石墨的尖角上易产生很大的应力集中,因此改变石墨的形状是提高铸铁的机械性能途径之一。如果从液体结晶时,不使碳以石墨形式析出,而是以共晶状态析出,再经过高温长时间退火,使石墨呈团絮状,这种铸铁称为可锻铸铁,可改善机械性能,可锻铸铁实际上不可锻造。如果在铁水中加入球化剂,使石墨呈球状分布,这种铸铁称为球墨铸铁。由于球状石墨减少了应力集中,增加了铸铁强度,所以也叫高强度铸铁。根据铸铁石墨化的程度,可得到三种不同的基体组织:铁素体、珠光体、铁素体+珠光体。可锻铸铁以珠光体或珠光体+铁素体为基体,称为白心可锻铸铁,以铁素体为基体的称为黑心可锻铸铁。

(二)高速钢

高速钢是一种常用的高合金工具钢,例如 W18Cr4V,因为它含有大量合金元素,使铁碳合金相图中的 E 点大大向左移,以致虽然只含有 $0.7\%\sim0.8\%$ 的碳,但已经含有莱氏体组织,所以称为莱氏体钢。高速钢在铸造状态下与亚共晶白口铸铁的组织相似,其中莱氏体由合金碳化物和马氏体或屈氏体组成,莱氏体沿晶界呈宽网状分布。莱氏体中的碳化物粗大,有骨架状,不能靠热处理消除,必须进行锻造打碎。锻造退火后高速钢的组织,是由索氏体和碳化物所组成的。

高速钢具有优良的热硬性及高耐磨性,只有经淬火及回火后才能获得。它的淬火温度较高,为 $1270\sim1280℃$,以使奥氏体充分合金化,保证最终有高的热硬性。淬火时可在油中或空气中冷却,淬火组织为马氏体、碳化物和残余奥氏体。由于淬火组织中存在有较大量的残余奥氏体,一般都进行三次约 $560℃$ 的回火。经淬火和三次回火后,高速钢的组织为回火马氏体、碳化物和少量残余奥氏体($2\%\sim3\%$)。

(三)铜合金

最常用的铜合金为黄铜(CU-Zn合金)和青铜(Cu-Sn合金)。由 Cu-Zn 相图可知,小于 39%Zn 的黄铜组织为单相固溶体,这种黄铜称为 α 黄铜或单相黄铜。单相黄铜经变形及退火后,其 α 晶粒呈多边形,并有大量退火孪晶。单相黄铜具有良好的塑性,可进行各种冷变形。含 $39\%\sim45\%$Zn 的黄铜具有 α+β 两相组织,称为双相黄铜。双相铜的显微组织中,α 相呈亮白色,β 相为黑色。β 是以 CuZn 电子化合物为基的有序固溶体,在低温下较硬较脆,但在高温下有较好的塑性,所以双相黄铜可以进行热压力加工。

(四)铝合金

应用十分广泛的铝合金主要分形变铝合金和铸造铝合金两大类,依照热处理效果又可分为能热处理强化的铝合金及不能热处理强化的铝合金。铝硅合金是应用最广泛的一种铸造铝合金,常称为硅铝明。从铝—硅合金相图可知,其成分在共晶点附近,因而具有优良的铸造性能,即流动性能好,产生铸造裂纹的倾向小,但铸造后得到的组织是粗大针状的硅晶体和 α 固溶体所组成的共晶体及少量多面体状的初生硅晶体。粗大的硅晶体极脆,因而严重降低了合金的塑性和韧性。为了改善合金性能,可采用变质处理,即在浇注前在合金液体中加入占合金重量 $2\%\sim3\%$ 的变质剂(常用 $2/3$NaF+$1/3$NaCl 的钠盐混合物)。由于钠能促进 Si 的生核,并能吸附在硅的表面,阻碍它长大,使合金组织大大细化。同时使共晶点右移,而原合金成分变为亚共晶成分。所以变质处理后的组织由初生 α 固溶体和细密的共晶体(α+Si)组成,共晶体中的硅针细小,因而使合金的强度与塑性显著改善。

四、实验内容和实验报告

1. 观察以上样品的显微组织。

2. 绘图：

①珠光体为基体的灰口铸铁金相显微组织示意图。

②珠光体＋铁素体为基体的球墨铸铁金相显微组织示意图。

③铁素体为基体的可锻铸铁的金相显微组织示意图。

④铜合金的金相显微组织示意图。

⑤铝合金的金相显微组织示意图。

3. 分析各类铸铁组织的石墨形态特点，指出各类铸铁不同基体组织的形成条件，讨论各种铸铁的性能与组织关系。

实验六　钢的热处理实验（设计性实验）

一、实验目的

1. 了解热处理工艺对钢的组织性能的影响；

2. 掌握不同材料热处理工艺的制定。

二、实验设备及用品

1. 实验用箱式电阻炉（图 3－28）及恒温干燥箱。

2. 洛氏硬度计。

3. 淬火用水槽、油槽及淬火介质。

4. 实验试样。

5. 砂纸和夹钳。

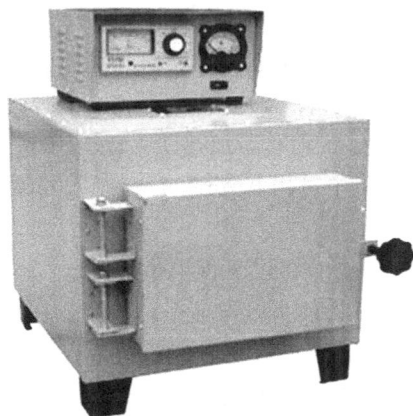

图 3－28　箱式电阻炉

三、实验原理

钢的热处理就是将钢在固态范围内加热、保温、冷却,通过改变其内部组织结构而获得所需性能的一种操作工艺。热处理是改善钢的组织与性能的基本途径之一,退火、正火、淬火、回火是最常用的热处理工艺方法。在热处理工艺规范中,加热温度、保温时间、冷却方式是三个最重要的工艺参数,选择正确、合理的参数,是热处理操作的关键。

(一)加热温度

铁碳合金相图是确定钢的热处理加热温度的主要理论依据,除此之外,热处理目的、工件尺寸、原材料及加工过程中的工艺方法均对加热温度的选择有影响。加热温度过高将导致奥氏体晶粒剧烈长大,冷却后出现粗大的组织;加热温度过低,钢未充分奥氏体化,第二相未能完全溶解,也会产生组织缺陷。表3-11为碳钢的几种基本热处理工艺温度,可作为实际操作中的参考。另外,还可以从一些参考书中查寻钢的热处理加热温度。

表3-11 碳钢热处理的加热温度

方法		加热温度(℃)	应用范围
退火		$Ac_3 + (30 \sim 50)$	亚共析钢完全退火
		$Ac_1 + (30 \sim 50)$	共析、过共析钢球化退火
正火		$Ac_3 + (30 \sim 50)$	亚共析钢
		$Ac_{cm} + (30 \sim 50)$	共析、过共析钢
淬火		$Ac_3 + (30 \sim 50)$	亚共析钢
		$Ac_1 + (30 \sim 50)$	共析、过共析钢
回火	低温	$150 \sim 250$	切削刃具、量具、冷冲模具、高硬度零件等
	中温	$350 \sim 500$	弹簧、中等硬度零件等
	高温	$500 \sim 650$	齿轮、轴、连杆等要求综合机械性能的零件

(二)保温时间

保温时间是指热处理过程中为达到工艺要求而保持恒温的一段时间,它与加热设备、加热介质、工件形状大小、装炉量及工艺本身的要求均有关系。确切计算保温时间比较复杂,在实验室中,通常根据经验公式计算保温时间,当工件有效厚度小于50mm,在$800 \sim 950$℃箱式加热炉中加热时,按工件厚度每毫米需加热$1 \sim 1.2$min。回火的保温时间要保证工件热透并使组织充分转变,在实验室中可用0.5h。

(三)冷却方式

退火一般采用随炉冷至$600 \sim 550$℃以下再出炉空冷,正火直接在空气中冷却。淬火时,要求钢的冷却速度应大于临界冷却速度,以保证全部得到马氏体组织,在这个前提下又应尽量缓慢冷却,以减少内应力,防止工件变形和开裂。为了保证淬火效果,应选用适当的冷却介质(如水、油等)和冷却方法(如双液淬火、分级淬火等)。

四、实验内容

（一）预习教材

在实验之前，要预习钢的热处理、铁碳合金及合金钢等相关内容，并回答以下问题：

1．钢的热处理有哪几种？它们的目的及特点是什么？

2．箱式电阻炉的基本结构及使用、控温仪表的使用方法。

3．零件热处理后采用什么方法检测硬度？

（二）设计实验方案

根据零件技术要求（见表 3-12），选择材料（见表 3-13），制定热处理工艺规范（见表 3-14）。实验方案设计过程：选择加工零件及技术要求——选择材料——制定热处理规范。

表 3-12　零件及其技术要求

序号	零件名称	技术要求
1	弹簧	42～45HRC
2	齿轮	28～32HRC
3	传动轴	45～48HRC
4	冷滚压模	62～65HRC
5	冲压模	58～62HRC
6	锉刀	58～62HRC
7	轴承套圈	61～65HRC
8	精密传动轴	28～32HRC
9	游标卡尺	58～62HRC
10	塞规	54～57HRC
11	丝锥	62～65HRC
12	圆板牙	58～62HRC

表 3-13　实验材料

序号	材料	打印标记	序号	材料	打印标记
1	20	2	5	65Mn	M
2	45	5	6	9SiCr	9 或 S
3	T8	8	7	GCr15	G
4	T12	12	8	35CrMo	3

表 3 – 14 热处理规范

零件名称	技术要求	材料	淬火温度（℃）	淬火保温时间（min）	回火温度（℃）	回火时间（min）

五、实验注意事项

1. 取、放试样时，应切断炉子电源，以免触电。在取试样时，动作要迅速，以防止试样过度降温，影响热处理效果。

2. 淬火时，用钳子夹紧试样，迅速放在冷却介质中并不断搅拌。

3. 炉门开关要快，炉门打开的时间不能过长，以免炉温下降及损害炉子。

六、实验报告

1. 整理实验数据，填写表 3 – 15。

表 3 – 15 实验数据

零件名称	所选材料	热处理工艺				硬度值（HRC）	
		淬火温度（℃）	加热时间（min）	回火温度（℃）	回火时间（min）	淬火后硬度	回火后硬度

2. 实验分析：

(1) 按照你所选择的零件材料制定的热处理工艺是否正确？

(2) 如果你设计的实验未能达到技术要求，为什么？如何解决？

第4章 流体传动课程实验

实验一 液压泵拆装实验

一、实验目的

液压泵是液压系统的重要组成部分,通过对齿轮泵、叶片泵及柱塞泵的拆装,加深对液压泵结构及工作原理的了解。

二、实验器材

1. 齿轮泵、叶片泵、柱塞泵。
2. 内六角扳手、固定扳手、螺丝刀、游标卡尺、铜棒。

三、实验内容

(一)齿轮泵

齿轮泵为液压系统中的常见动力元件,其工作原理是靠齿轮轮齿间的容积变化工作的。CB-B型齿轮泵的结构如图 4-1 所示,在吸油腔,轮齿在啮合点相互从对方齿槽中退出,密

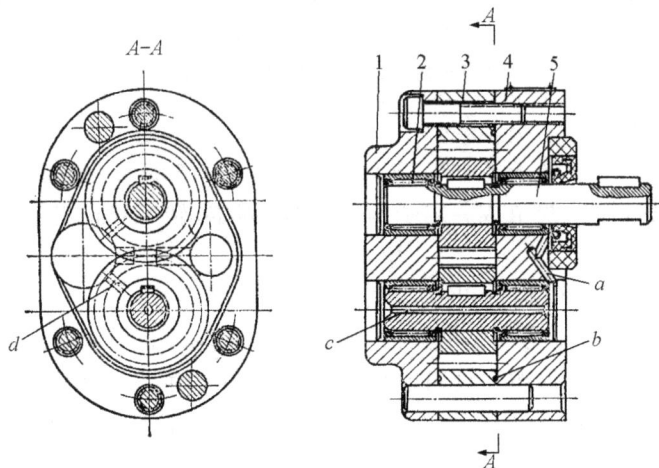

1. 左端盖;2. 轴承;3. 泵体;4. 右端盖;5. 主动齿轮(轴)

图 4-1 CB-B型齿轮泵

封工作空间的容积不断增大,完成吸油过程。在排油腔,轮齿在啮合点相互进入对方齿槽中,密封工作空间的容积不断减小,实现排油过程。

主要零件分析:

1. 泵体 3:泵体的两端面开有封油槽,此槽与吸油口相通,用来防止泵内油液从泵体与泵盖接合面外泄,泵体与齿顶圆的径向间隙为 0.13～0.16mm。

2. 端盖 1 与 4:前后端盖内侧开有卸荷槽,用来消除困油现象。端盖上吸油口大,压油口小,用来减小作用在轴和轴承上的径向不平衡力。

3. 齿轮:主动与从动两个齿轮的齿数和模数都相等,齿轮与端盖间轴向间隙为 0.03～0.04mm,轴向间隙不可以调节。

(二) 叶片泵

YB 型双作用叶片泵的结构简图如图 4－2 所示。

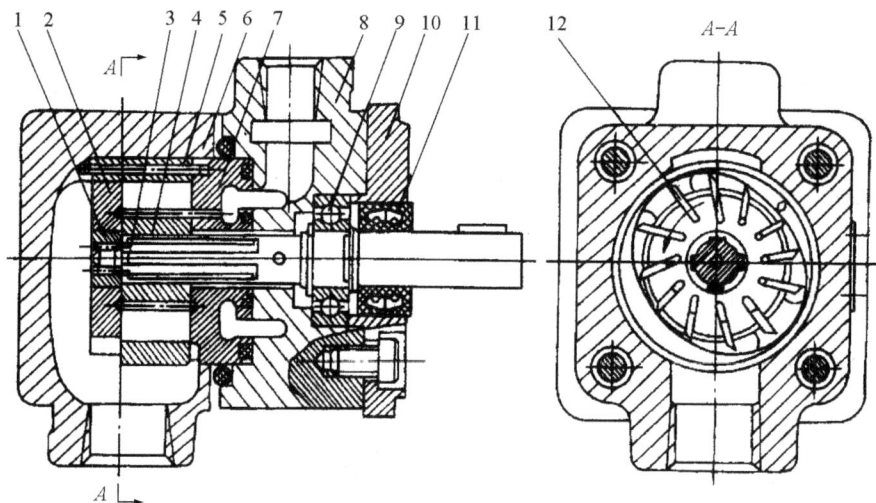

1.滚针轴承;2、7.配流盘;3.传动轴;4.转子;5.定子;6、8.泵体;
9.滚动轴承;10.盖板;11.密封圈;12.叶片

图 4－2　双作用叶片泵结构简图

1. 主要零件分析。

(1) 定子 5 和转子 4:转子 4 的外表面是圆柱面,定子 5 的内表面曲线由两段大圆弧、两段小圆弧以及四段过渡曲线组成。定子、转子中心固定,转子径向开有 12 条槽可以安置叶片。

(2) 叶片 12:该泵共有 12 个叶片,流量脉动较小。

(3) 配流盘:配流盘上有四个圆弧槽,如图 4－3 所示,其中两个为压油窗口,另两个为吸油窗口。盘面上的环形槽通过四个小孔,将出口压力油引入槽内,这样可以保证每个叶片底部油槽和压油腔相通,使叶片处在离心力和液压力的作用下,保证叶片与定子紧密接触。

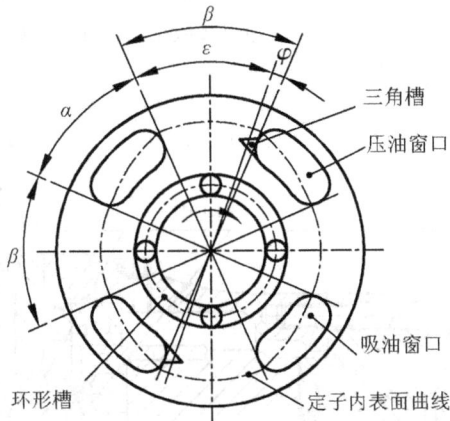

图 4 - 3 配流盘简图

2. 工作原理。

双作用式叶片泵的工作原理如图 4 - 4 所示。与单作用式叶片泵不同的是,其定子和转子是同心的,定子的内表面不是内圆柱面而是由八段曲面(四段圆柱面、四段过渡曲面)拼成。叶片 1、3、5、7 将密封容积分隔成四个密封腔,分别与吸油窗口和压油窗口相通。当转子顺时针回转时,定子和配油盘不动,处在左上角和右下角处的密封工作腔的容积逐渐变大,为吸油区。处在右上角和左下角处的密封工作腔的容积逐渐缩小,为压油区。这种泵的转子每转一周,每个密封的工作腔吸油压油各两次,所以叫作双作用式叶片泵。又由于这种泵的两个吸油区和两个压油区是对称分布的,作用在转子上的液压力径向平衡,所以又叫作平衡式叶片泵。

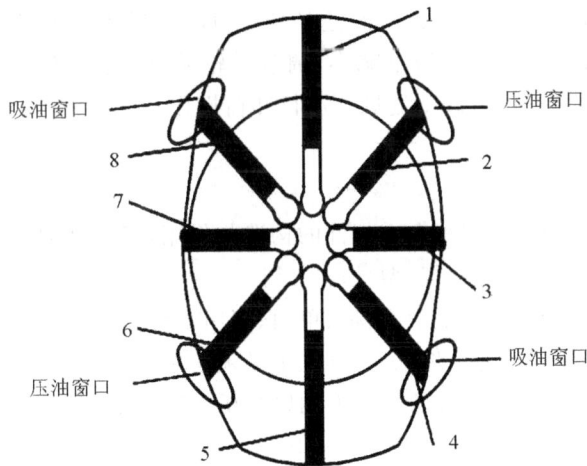

1、2、3、4、5、6、7、8—叶片

图 4 - 4 双作用式叶片泵的工作原理图

(三)柱塞泵

斜盘式轴向柱塞泵是一种常见的轴向柱塞泵,这种柱塞泵的变量方式通常有手动变量、压力补偿变量、伺服变量等。图 4 - 5 是 SCY14 型斜盘式手动变量轴向柱塞泵的结构简图,其主体部分由传动轴带动缸体旋转,使均匀分布在缸体上的七个柱塞绕传动轴中心线转动,通过中心弹簧将柱滑组件中的滑靴压在变量头(或斜盘)上。这样,柱塞随着缸体的旋转而作往复运动,完成吸油和压油动作。

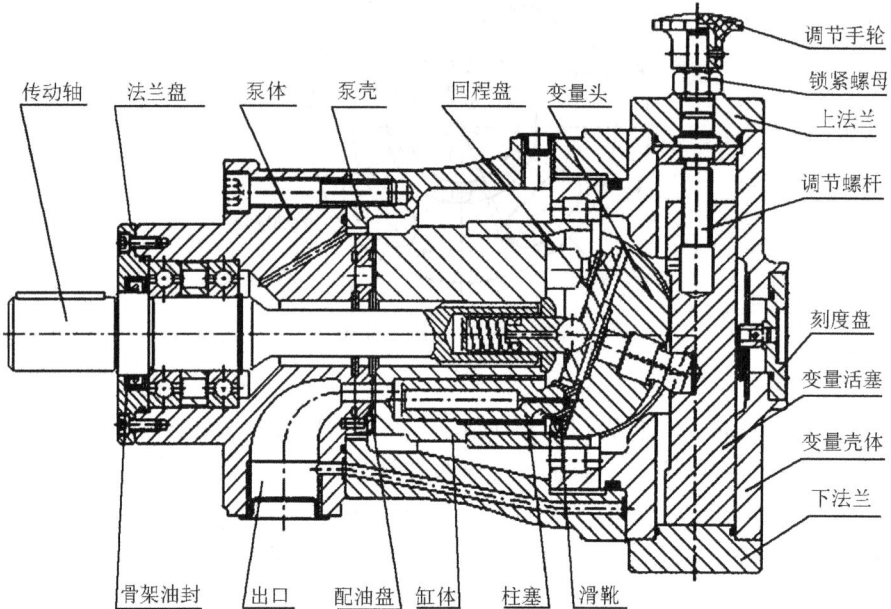

图 4 - 5 SCY14 型斜盘式手动变量轴向柱塞泵结构简图

手动变量泵改变流量靠外力转动调节手轮,旋转调节螺杆,带动变量活塞沿轴向移动,同时带动变量头绕中心转动,改变倾斜角,达到变量目的。当达到所需流量时可使用锁紧螺母紧固。调节手轮顺时针转动时,流量减小,调节手轮逆时针转动时,流量增加。其百分值可粗略从刻度盘上读出,工作时改变流量须进行卸荷操作。

四、实验要求

1. 通过拆装,理解液压泵内每个零部件的构造与作用,了解其加工工艺要求;

2. 了解如何认识液压泵的铭牌、型号;

3. 掌握液压泵的职能符号(定量、变量、单向、双向)及选型要求等;

4. 通过实物分析液压泵的工作三要素(三个必须的条件);

5. 了解齿轮泵的困油问题,并从结构上加以分析解决的措施;

6. 分析影响液压泵正常工作及容积效率的因素,了解易产生故障的部件并分析其原因;

7. 掌握拆装液压泵的方法和拆装要点。拆装时注意不要拆下轴承,不得用金属棒猛砸液压泵的零件。

五、实验报告

1. 拆装齿轮泵。

记录拆装步骤,注意以下几个方面:

（1）观察及了解各零件在齿轮泵中的作用，了解齿轮泵的工作原理，按一定的步骤拆开并装配齿轮泵。

（2）根据实物，简要说明齿轮泵的结构组成。

（3）齿轮泵的密封工作腔是由哪些零件围成的？

（4）齿轮泵为什么能够吸油和压油？

（5）如何解决齿轮泵的困油问题，从结构上加以分析。

（6）齿轮泵有几个泄漏途径？

（7）齿轮泵的吸、压油口有什么区别？为什么？

（8）拆完后，将齿轮泵装好，注意不要遗漏零件。

将齿轮泵拆装顺序填入表 4-1：

将齿轮泵数据填入表 4-2：

表 4-1　齿轮泵拆装顺序

拆装顺序	拆装零件或单元	所用工具
1		
2		
3		
4		
5		

表 4-2　齿轮泵数据记录

主动齿轮齿数	从动齿轮齿数	齿顶圆直径	泵体内腔直径	间隙	齿厚	中心距

2. 拆装叶片泵。

记录拆装步骤。注意以下几个方面：

（1）叶片泵由哪些零件组成？

（2）叶片泵为什么能够吸油和压油？

（3）叶片泵的配油盘在结构上有哪些特点？

（4）转子上的叶片槽为什么朝前倾一定角度？

（5）叶片泵工作时，如何保证其叶片始终顶住定子内圈面上而不产生松脱现象？

（6）拆完后，将泵装好，注意不要遗漏零件。

将叶片泵拆装顺序填入表 4-3：

将叶片泵数据填入表 4-4：

表 4-3　叶片泵拆装顺序

拆装顺序	拆装零件或单元	所用工具
1		
2		
3		
4		
5		

表 4-4　叶片泵数据记录

叶片数	叶片厚	转子叶片槽宽度	间隙

3. 拆装柱塞泵。

记录拆装步骤，注意以下几个方面：

(1) 所拆装的柱塞泵由哪些主要零件组成？

(2) 解释柱塞泵的吸油和压油原理。

(3) 在所拆装的柱塞泵结构中，如何解决工作时柱塞与斜盘间的摩擦磨损问题？

(4) 柱塞泵的配油盘结构特点？ 如何解决工作时缸体与配油盘间的摩擦磨损问题？

(5) 与其他泵相比，柱塞泵为什么能够获得更高的工作压力？

将柱塞泵拆装顺序填入表 4-5：

表 4-5　柱塞泵拆装顺序

拆装顺序	拆装零件或单元	所用工具
1		
2		
3		
4		
5		

4. 思考题。

(1) 画出齿轮油泵工作原理简图，说明其主要结构组成及工作原理？

(2) 齿轮泵的卸荷槽的作用是什么？

(3) 液压泵的密封工作区是指哪一部分？

(4) 所拆装的柱塞泵是如何调节变量的？

（5）在所拆装的柱塞泵结构中，是如何解决工作时柱塞与斜盘间、缸体与配油盘的摩擦磨损问题的？

（6）与其他泵相比，柱塞泵为什么能够获得更高的工作压力？

实验二　液压控制阀拆装

一、实验目的

液压控制阀是液压系统的重要组成部分，通过对液压阀的拆装加深对阀结构及工作原理的了解，并对液压阀的加工及装配工艺有一个初步的认识。

二、实验器材

1. 溢流阀、减压阀、单向阀、换向阀、节流阀。
2. 内六角扳手、固定扳手、螺丝刀。

三、实验内容

（一）溢流阀

溢流阀是用来控制系统中压力阀类的一种，其主要用途有两点：一是用来保持系统或回路的压力恒定；二是在系统中作安全阀用。在系统正常工作时，溢流阀处于关闭状态，只是在系统压力大于或等于其调定压力时才开启溢流，对系统起过载保护作用。

Y 型先导式溢流阀（板式）结构图见图 4-6。工作原理是溢流阀进口的压力油途经进油

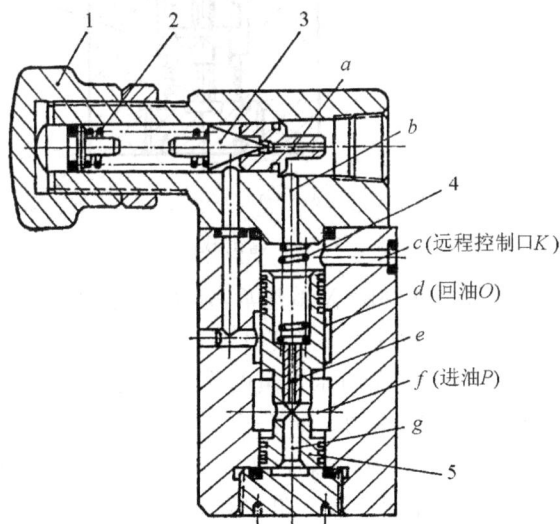

1. 调压手轮；2. 调压（先导阀）弹簧；3. 锥阀（先导阀）；4. 主阀弹簧；5. 主阀芯

图 4-6　Y 型先导式溢流阀

口 f 进入主阀芯的下端 g 腔,并通过主阀芯上的阻尼孔 e 进入阀座的上腔,作用在先导阀锥阀体 3 上。当作用在先导阀锥阀体上的液压力小于先导阀的调定压力时,锥阀在弹簧力的作用下关闭。因阀体内部无油液流动,主阀芯上下两腔液压力相等,主阀芯在主阀弹簧的作用下处于关闭状态(主阀芯处于最下端),溢流阀不溢流。当作用在先导阀锥阀体上的液压力大于先导阀的调定压力时,先导阀被打开,油液自进油口 P 经阀座上的阻尼孔 e、阀座孔 b、先导阀口 a 至阀体中部的出油口 O 的流动。阻尼孔中油液的流动损失使主阀芯上、下腔中的油液产生一个随先导阀流量增加而增加的压力差,当它在主阀芯上、下作用面上产生的总压力差足以克服主阀弹簧力、主阀自重和摩擦力时,主阀芯向上运动,主阀芯开启,此时进油口与出油口相通,造成溢流以保证系统压力。

(二) 减压阀

减压阀是一种用来控制系统出口压力低于进口压力,并能稳定压力的压力控制阀。定值输出减压阀结构图见图 4-7,该阀有先导阀调压、主阀减压的作用。

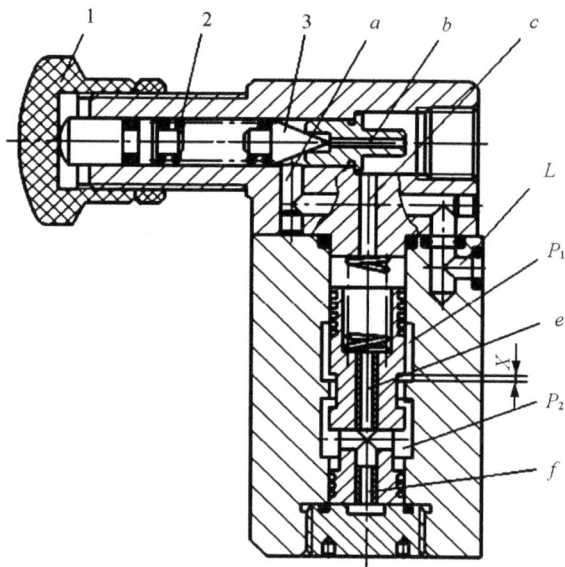

1. 调压手轮;2. 调压(先导阀)弹簧;3. 锥阀(先导阀)

图 4-7 定压输出减压阀

工作原理:进口压力 P_1 经减压缝隙 X 减压后,压力变为 P_2。出口压力油 P_2 通过阀体进入主阀芯,通过主阀芯阻尼孔 e 后进入主阀的上腔、先导阀的阻尼孔 b,作用在先导阀上。当出口压力低于调定压力时,先导阀在调压弹簧的作用下关闭阀口,主阀芯上、下腔的油压均等于出口压力,主阀芯在弹簧力的作用下处于最下端位置,滑阀中间凸肩与阀体之间构成的减压阀阀口全开,不起减压作用。当出口压力高于调定压力时,出油口部分油液经阻尼孔、先导阀口、阀体上的泄油口 L 流回油箱。阻尼孔有液体流过,使主阀上、下腔产生压差,当此压差所产生的作用力大于主阀弹簧力时,主阀芯上移,使节流口(减压口)X 关小,减压作用增强,直到出口压力稳定在先导阀所调定的压力值上。

（三）单向阀

普通单向阀的作用,是使油液只能沿一个方向流动,不许它反向倒流。单向阀结构图见图 4-8 所示。工作原理是压力油从 P_1 口流入,克服作用于阀芯 2 上的弹簧力,开启阀芯 2,使油由 P_2 口流出。当油液反向流入,在压力油及弹簧力的作用下,阀芯关闭,使液流截止。

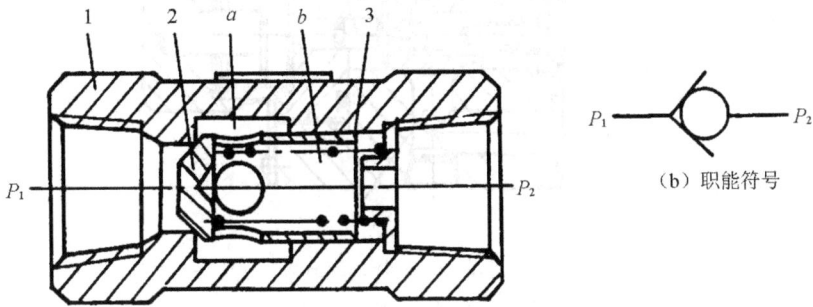

（a）结构图

1. 阀体;2. 阀芯;3. 弹簧;4. 换向阀

（b）职能符号

图 4-8　单向阀

在液压系统中,换向阀在数量上占有相当大的比重,品种和规格在阀类里是较多的。三位四通电磁换向阀结构图见图 4-9。工作原理是换向阀利用阀芯和阀体间相对位置的改变来实现油路的接通或断开、改变液流方向,以满足对油路提出的各种要求。电磁换向阀两端的电磁铁通过推杆来控制阀芯在阀体中的位置。

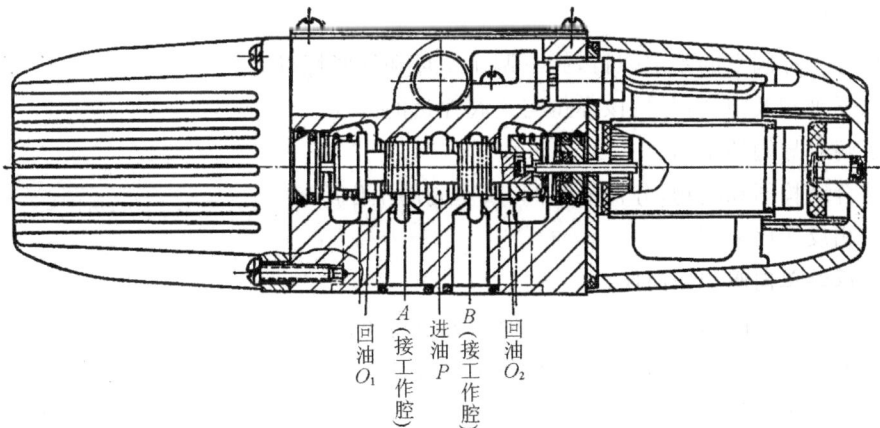

回油 O_1　　A（接工作腔）　进油 P　　B（接工作腔）　回油 O_2

图 4-9　三位四通电磁换向阀

（四）节流阀

流量控制阀是通过改变节流口通流面积或通流通道的长短来改变局部阻力的大小,从而实现对流量的控制。流量控制阀主要有节流阀、调速阀、溢流节流阀、分流节流阀等,L-10B 型节流阀结构图如图 4-10 所示。工作原理是具有螺旋曲线开口的阀芯 1 和阀套上的窗口配合后,构成了具有某种形状的棱边形节流孔。转动手柄 3,通过推杆 2 使阀芯 1 作轴向移动,从而调节节流阀的通流截面积,使流经节流阀的流量发生变化。

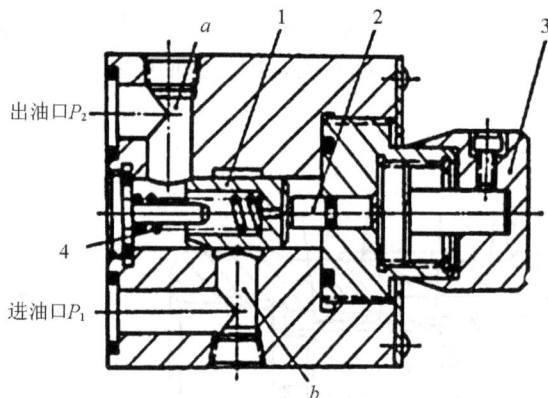

1. 阀芯;2. 推杆;3. 手柄

图 4-10 L-10B 型节流阀

四、拆卸及装配步骤

(一)拆装先导式溢流阀和减压阀

1. 拆下先导阀体上的四个螺钉,分开主阀和先导阀。

2. 拧下主阀底部的螺母,取出弹簧和阀芯。

3. 观察主阀体,分析溢流阀、减压阀 P_1、P_2 油口的位置和泄漏口的结构。

4. 观察溢流阀、减压阀主阀芯结构,分析上、下阻尼孔直径的大小,径向孔、阀芯上的三角小槽的作用。

5. 松开先导阀上的紧定螺钉,卸下调压螺母和锁紧螺母。

6. 取下锥阀及弹簧,分析该弹簧与主阀弹簧的区别。

7. 了解先导阀的结构。

8. 结合结构图和实物,分析溢流阀、减压阀的工作原理。

9. 按相反顺序装配。

(二)拆装单向阀和换向阀

1. 先观察单向阀和换向阀的外部结构,弄清每个油口的作用,然后拆下外部螺钉。

2. 拆下定位和操纵用的零件,分析各个零件的作用。

3. 拔下阀芯,观察阀芯的结构,阀芯外部台肩的个数及上面开槽的数量,分析不同的环形槽的作用。

4. 观察阀体结构,分析阀芯外部油口的个数,内部沉槽的个数和外部油口相对应的连通,特别是"L"油口的作用。

5. 把阀体和阀芯相配合后,分析阀芯在不同位置时的油路通道。

6. 按相反顺序装配。

（三）拆装节流阀

1. 先观察节流阀的外部结构,弄清每个油口的作用,然后拆下外部螺钉。
2. 取出阀芯,观察节流口的形状,分析其优缺点。
3. 分析弹簧的作用及调节方式。
4. 按相反顺序装配。

五、思考题

1. 画出各阀的职能符号。
2. 分析二位四通手动阀、液动换向阀、转阀在结构上的异同。
3. 分析行程阀、电磁换向阀"L"油口的结构。
4. 何处是溢流阀、减压阀的调压部分,如何调压?
5. "先导式"是什么意思?
6. 分析主阀芯的上、下阻尼孔的作用。
7. 分析主阀芯弹簧和先导阀弹簧的作用,它们能互换吗?
8. 减压阀的泄漏口为何单设?
9. 分析减压阀与先导式溢流阀的异同。
10. 节流阀采用何种形式的节流口? 这种节流口形式有何优缺点?
11. 调速阀是由哪两种阀组成的?
12. 为什么调速阀比节流阀的调速性能好?

实验三　液压传动原理演示实验

一、实验目的

　　液压传动是机械能转化为压力能,再由压力能转化为机械能而做功的能量转换装置。油泵产生的压力大小取决于负载,而执行元件液压缸按工作需要通过控制元件的调节,提供不同压力、速度及方向。理解液压传动的基本工作原理和基本概念是学习本课程的关键。演示液压缸的往复运动,了解压力控制、速度控制和方向控制,从而初步理解液压传动基本工作原理和基本概念。

二、实验设备

　　JSX - A 型液压综合实验台,如图 4 - 11 所示。

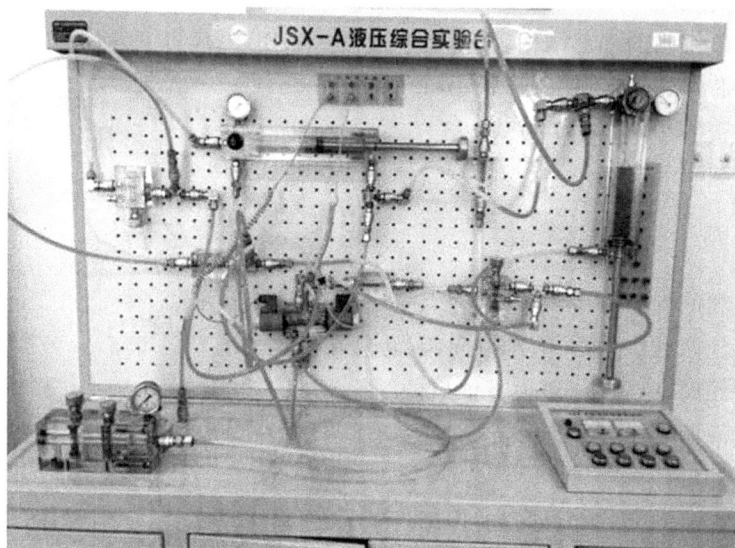

图 4-11　JSX-A 型液压综合实验台

三、实验内容

用带有快速接头的软管连接相应的透明液压件,组成如图 4-12 所示的液压传动基础的实训系统图。

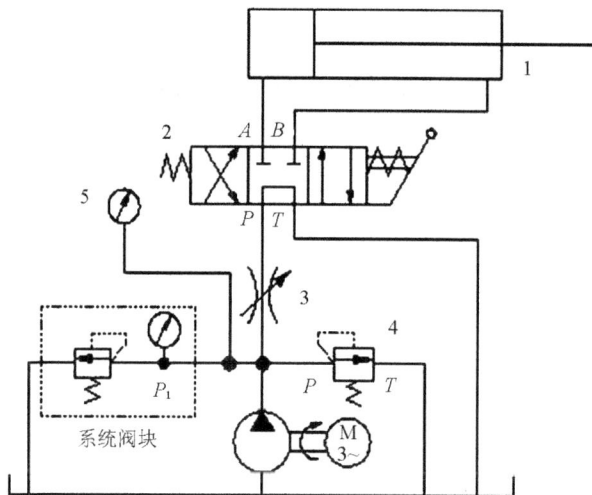

1. 液压缸;2. 手动三位四通换向阀;3. 节流阀;4. 溢流阀;5. 压力表

图 4-12　液压基本回路

四、实验方法和步骤

1. 方向控制:操作手动阀,使活塞杆伸出和缩回。观察活塞杆运动时溢流阀阀芯和换向阀阀芯的位置、压力表 5 以及系统压力值的数值(运动时和到底后分别观察)。

2. 压力控制：关闭节流阀 3、调节阀 4，观察压力表 5 的变化，压力值 ＜0.8MPa（P－B10B已调好 0.8MPa）。

3. 速度控制：当节流阀 3 不同开度时，观察活塞杆速度变化，活塞杆运动和到底时分别观察压力表 5 的值以及系统压力值。

五、思考题

1. 分析溢流阀 4 的作用和油泵的工作压力由什么决定？
2. 分析换向阀 2 在系统中的作用，为什么换向阀中位时，液压缸锁紧？
3. 分析节流阀 3 在系统中的作用，改变节流阀的开度，为什么油缸会变速？
4. 活塞杆运动时压力表显示低压，到底后为高压，为什么？

实验四　方向控制回路

一、实验目的

1. 加深认识液控单向阀、换向阀的工作原理、基本结构、使用方法和在回路中的作用；
2. 学会利用液控单向阀的结构特点设计液压双向锁紧回路；
3. 通过实验加深对锁紧回路、先导阀控制液动换向阀回路性能的理解；
4. 培养安装、联接和调试液压系统回路的实践能力。

二、实验设备

JSX－A 液压综合实验台。

三、实验内容

利用各种方向阀来控制液压系统中液流的通断和改变液流方向，以使执行元件进行工作启动、停止（包括锁紧）、换向，实现能量分配的回路。这种回路主要由各种方向阀组成，如：单向阀、手动换向阀、机动换向阀、电动换向阀、液动换向阀、电液动换向阀等，或由几种换向阀联合控制，组成换向回路，也可用变量泵或变量马达来组成回路。方向控制回路一般包括启停回路（为避免油泵电机的频繁启停，在液压系统中常常设置启停回路）、锁紧回路和换向回路等。

（一）液控单向阀的双向锁紧回路

根据已学液压传动知识，利用液控单向阀的工作原理和基本性能设计双向锁紧回路，并在液压实验台上进行安装、联接、调试和运行。观察分析用液控单向阀的闭锁回路在工作过程中液压缸的锁紧精度及其可靠性。为了防止液压缸在停止运动时因负载自重或外界影响而发生下落、窜动的现象，常常在系统中设置锁紧回路，在执行元件不工作时，切断其进、出油路，使它能够准确地停止在预定的位置上。锁紧回路可以采用单向阀、液控单向阀、顺序阀或 O 型、M 型换向阀等来实现，按照所采用锁紧元件不同可以分为单向阀锁紧回路、液控单向阀锁紧回路和换向阀锁紧回路等。本实验的双向锁紧回路中采用 2 个液控单向阀和 1 个三位四通电磁换向阀组成。

实验回路如图 4－13 所示,当有压力油进入时,回路的单向阀被打开,压力油进入工作液压缸。但当三位四通电磁换向阀处于中位或液压泵停止供油时,两个液控单向阀把工作液压缸内的油液密封在里面,使液压缸停止在该位置上被锁住。如果工作液压缸和液控单向阀都具有良好的密封性能,即使在外力作用下,回路也能使执行元件保持长期锁紧状态。

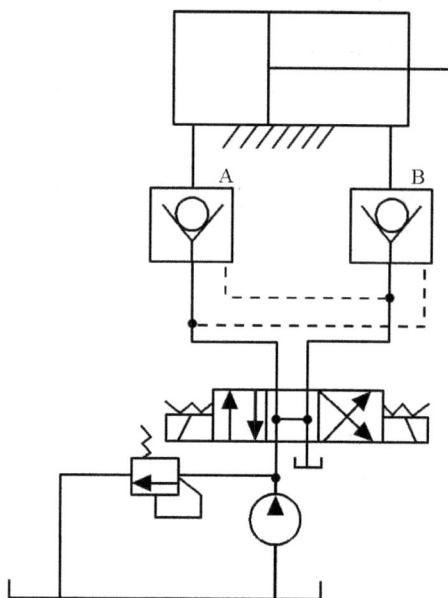

图 4－13　液控单向阀锁紧回路

如图 4－13 所示,阀心处于中间位置时,液压泵卸荷,输出油液经换向阀回油箱,由于系统无压力,液控单向阀 A 和 B 关闭,液压缸左右两腔的油液均不能流动,活塞被双向闭锁。当换向阀左边电磁铁通电,阀心右移,液压缸左位接入系统,压力油经单向阀 A 进入液压缸左腔,同时进入单向阀 B 的控制油口,打开单向阀 B,液压缸右腔的油液可经单向阀 B 及换向阀回油箱,活塞向右运动。当换向阀右边电磁铁通电时,阀心左移,右位接入系统,压力油经单向阀 B 进入液压缸右腔,同时打开单向阀 A,使液压缸左腔油液经单向阀 A 和换向阀回油箱,活塞向左运动。液控单向阀有良好的密封性,锁紧效果较好。

（二）先导阀控制液动换向阀的换向回路

根据已学液压传动知识利用手动换向阀或机动换向阀作先导阀,而以液动换向阀为主阀的换向回路,或者采用电液动换向阀设计换向回路,并在液压实验台上进行安装、联接、调试和运行,观察分析主回路在工作过程中是如何换向的。电磁换向阀的换向回路应用最为广泛,尤其在自动化程度要求较高的组合机床液压系统中被普遍采用,这种换向回路曾多次出现于上面许多回路中,这里不再赘述。对于流量较大和换向平稳性要求较高的场合,电磁换向阀的换向回路已不能适应上述要求,往往采用手动换向阀或机动换向阀作先导阀,而以液动换向阀为主阀的换向回路,或者采用电液动换向阀的换向回路。

图 4-14 所示为手动转阀(先导阀)控制液动换向阀的换向回路。回路中用辅助泵 2 提供低压控制油,通过手动先导阀 3(三位四通转阀)来控制液动换向阀 4 的阀芯移动,实现主油路的换向,当转阀 3 在右位时,控制油进入液动换向阀 4 的左端,右端的油液经转阀回油箱,使液动换向阀 4 左位接入工件,活塞下移。当转阀 3 切换至左位时,即控制油使液动换向阀 4 换向,活塞向上退回。当转阀 3 中位时,液动换向阀 4 两端的控制油通油箱,在弹簧力的作用下,其阀芯回复到中位、主泵 1 卸荷。这种换向回路,常用于大型压机上。

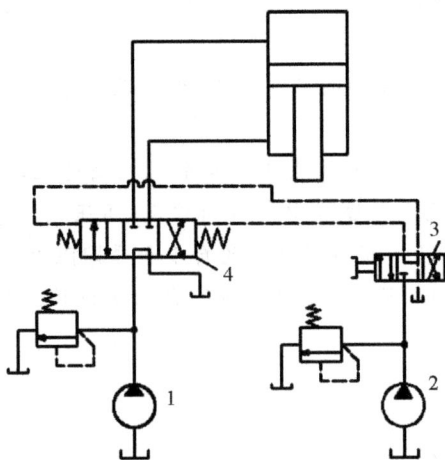

1. 主泵;2. 辅助泵;3. 转阀;4. 液动换向阀

图 4-14　先导阀控制液动换向阀的换向回路

四、实验方法和步骤

1. 设计利用两个液控单向阀的双向液压闭锁回路、利用液动换向阀的先导阀控制液动换向阀的换向回路。

2. 按照实验回路图的要求,取出所要用的液压元件,检查型号是否正确。

3. 将检查完毕性能完好的液压元件安装在实验台面板合理位置,用透明油管连接回路;经检查确定无误后接通电源,连接三位四通电磁换向阀,启动电气控制面板上的电源开关。

4. 启动液压泵开关,调节液压泵的转速使压力表达到预定压力,利用换向阀的换向功能使活塞进行往复运动。

5. 调试回路,观察并分析此联接回路的工作过程及原理。

五、思考题

1. 分析各换向回路实验用液压泵、阀等元器件的名称、性能。

2. 绘出所组接的各种液压基本回路的液压系统原理图,并分析其工作原理。

3. 试问利用什么换向阀可以代替液控单向阀实现双向闭锁控制回路?

4. 如果将液控单向阀的控制口 K 堵塞,会产生怎样的现象?

5. 为了减少液控单向阀控制口 K 的开启压力,可以采用怎样的措施?

6. 试举出生产实践中应用液压锁紧回路的实例。

实验五　压力控制回路

一、实验目的

1. 进一步认识和理解直动式溢流阀的工作原理、基本结构、主要性能及其在液压回路中的作用；

2. 通过实验了解直动式溢流阀的调压偏差、调压范围等静态特性指标以及这些参数在实际应用时的真实意义；

3. 掌握二级压力控制回路的工作原理及其全部控制过程，认识二级压力控制回路中，高、低压直动式溢流阀在系统工作过程中各自的作用（高压溢流阀控制系统的最高压力，低压溢流阀所调压力基本是由于克服运动部件的自重和摩擦阻力）；

4. 通过实验验证学过的理论知识，同时检验自己所设计液压回路的正确性，培养将理论与实践相结合的能力。

二、实验设备

JSX－A液压综合实验台。

三、实验内容

压力控制回路是液压传动系统中最基本、最重要的控制回路之一。用压力控制阀或其他液压元件来控制（调节）整个系统或局部支路中的油液压力，以满足工作负载对执行元件（液压缸或液压马达）输出力或转矩的要求，防止系统过载以及减少能量损耗。压力控制回路包括：调压回路、减压回路、增压回路、保压回路、卸荷回路及平衡回路等多种回路。

1. 二级压力控制回路，可以为机床或某些液压传动机械在工作过程的各个阶段提供所需要的不同压力。如活塞前进与后退过程中需要不同的压力，这时就要应用到二级压力控制回路。

2. 设计利用两个直动式溢流阀所实现的二级压力控制回路。在可拆装液压回路实验台上进行安装、接通系统回路并调试系统工作。调节高、低压溢流阀的控制压力值，以满足液压缸所需工作压力和返程压力（用于克服摩擦、泄漏等阻力）。

3. 实验原理：实验回路如图4－15所示，调压回路中的二级压力控制回路（双压回路），根据溢流阀在定量泵供油系统中可使泵或局部支路保持恒压的作用，在系统设定压力范围内，将两个具有不同调压范围的直动式溢流阀分别设置在液压泵的出口和工作液压缸的返程（非工作行程）回路上，通过二位三通电磁换向阀可以控制工作液压缸在往复行程中获得不同压力。

活塞前进是工作行程，需要压力较高，由溢流阀A调定泵的出口压力值，活塞后退是非工作行程，所需较低压力由溢流阀B调定，液压缸的运动方向及压力变换由二位四通电磁换向阀进行转换。

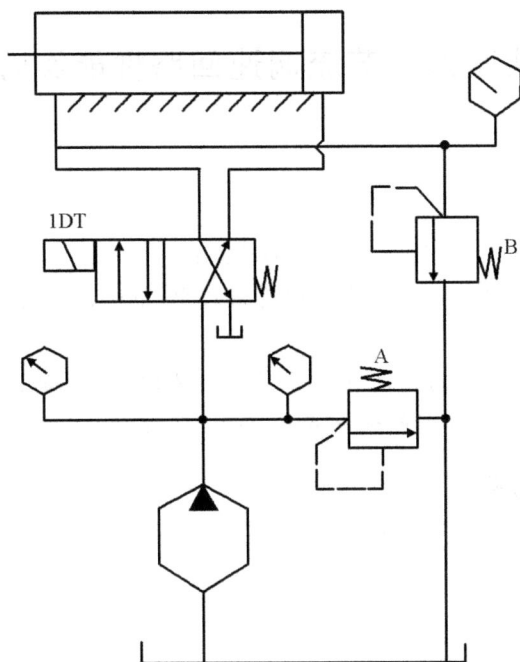

A. 高压溢流阀；B. 低压溢流阀

图 4-15　二级调压回路

四、实验方法和步骤

1. 自行设计并组装二级压力控制回路,检查实验台上搭建的液压回路是否正确(各接管连接部分是否插接牢固)。

2. 接通电源,将二位四通电磁换向阀接入电气控制面板的插座中,启动电气控制面板上的开关。

3. 调节液压泵的转速使压力表达到预定压力,开始液压系统的运转实验,并记录系统中所有运行参数值。

4. 调节工作缸压力控制系统的压力(调节直动式溢流阀的调压旋钮),使工作缸活塞杆顶出压力大于回程压力。

五、思考题

1. 分析二级调压回路实验用液压泵、阀等元器件的名称、性能。

2. 绘出所组接的液压基本回路的液压系统原理图,并分析其工作原理。

3. 试分析在二级压力控制回路中,为什么阀 A 的调节压力必须大于阀 B 的调节压力?否则将会怎样?

4. 在二级压力控制回路中,如果直动式溢流阀 A 和 B 的调压范围完全相同,阀 B 的调压显示很不明显,这是为什么? 怎样改善?

5. 试设计出其他类型的二级调压控制回路,并分析其工作原理。

实验六　节流调速回路性能实验

一、实验目的

1. 了解节流调速回路的组成，掌握回路的特点；

2. 分析、比较采用节流阀的进油节流调速回路中，节流阀具有不同通流面积时的速度负载特性；

3. 分析、比较采用节流阀的进口、出口和旁路节流调速回路的速度负载特性；

4. 分析、比较节流阀、调速阀的进口节流调速回路性能。

二、实验仪器和设备

JSX - A 液压综合实验台。

三、实验内容

在各种机械设备的液压系统中，调速回路占有重要的地位，尤其对于运动速度要求较高的机械设备，调速回路往往起着决定性的作用。在调速回路中，节流调速回路结构简单，成本低廉，使用维护方便，是液压传动中一种主要的调速方法。节流调速回路是由定量泵、流量控制阀、溢流阀和执行元件等组成，它通过改变流量控制阀阀口的开度，即通流截面积来调节和控制流入或流出执行元件的流量，以调节其运动速度。节流调速回路按照其流量控制阀类型或安放位置的不同，分为进口节流调速、出口节流调速和旁路节流调速三种。流量控制阀采用节流阀或调速阀时，其调速性能各有自己的特点，同时，三种调速回路的调速性能也有差别。

（一）采用节流阀的进口节流调速回路

图 4 - 16 是节流阀安装在液压缸进口回路上的节流调速系统。定量泵输出的流量一定，一部分经节流阀进入液压缸，另一部分经溢流阀流回油箱。调节节流阀的通流面积 A_T

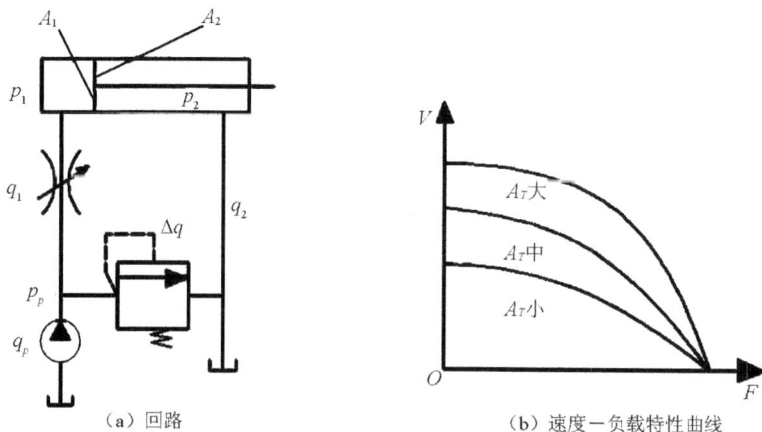

（a）回路　　　　　　　　　　（b）速度—负载特性曲线

图 4 - 16　节流阀进口节流调速回路

的大小，可以改变进入液压缸的流量，从而改变活塞的工作速度。

当不计摩擦力时，液压缸活塞上的力平衡方程为

$$p_1 A_1 = p_2 A_2 + F$$

由于回油进入油箱，所以 $p_2 \approx 0$，

$$p_1 = \frac{F}{A_1} = p_L$$

式中 p_L——称为负载压力，即活塞单位面积上承受的负载力。

进入液压缸的流量即是通过节流阀的流量：

$$q_1 = C_d A_T \Delta p^m = C_d A_T (p_P - p_1)^m$$

活塞运动速度为

$$v = \frac{q_1}{A_1} = C_d A_T (p_P A_1 - F)^m$$

运动平稳性即速度受负载力变化的影响，一般情况用速度—负载特性来表示。调速回路中液压缸工作速度和负载之间的关系称为速度—负载特性。以工作速度 v 为纵坐标，负载 F 为横坐标，当节流阀在不同开口时，就可得到一束速度—负载特性曲线。

回路中流量关系为

$$q_p = q_1 + \Delta q$$

式中，Δq 为溢流阀的溢流量。

进口节流调速的特点是油泵工作在恒压下，有溢流损失和节流损失，损失较大，油液容易发热，特别在小开度低速工作时液压效率很低，其效率为

$$\eta = \frac{p_1 q_1}{p_p q_p}$$

从图 4-16(b) 上可以看出，当负载压力变化时，尽管节流阀的开度保持不变，但负载流量还是要变化的。这是因为负载变化时，加在节流阀上的压差要相应变化，通过节流阀的流量就要发生变化，这就意味着活塞的运动速度不能保持稳定，这是我们所不希望的。要消除这种现象比较困难，但我们可以设法减小这个流量变化的程度。这个变化的程度可用系统速度刚性来表示，系统速度刚性的定义为

$$G = -\frac{\mathrm{d}p_L}{\mathrm{d}q_L} = \frac{(p_P - p_1)^{1-m}}{C_d A_T m}$$

式中，q_L——称为负载流量，即推动活塞运动的流量。

从上式可以看出，为了提高系统的速度刚性，应采用薄壁缝隙节流口形式的节流阀，使 m 为最小值（$m=0.5$）。系统刚性不是一个常数，它和系统工况有关。负载压力小时，系统刚性要大一些；节流阀开度小时，系统刚性也要大一些。进口节流调速回路，活塞只有一侧有油压的作用，即所谓的一面刚性，当负载方向变化时或具有振动时，活塞容易颤振，它不如出口节流调速平稳。

（二）采用节流阀的出口节流调速回路

节流阀出口节流调速回路如图 4-17 所示，这种回路通过控制液压缸的回油腔流出的流量 q_2，从而间接控制了进入液压缸的流量 q_1，达到调节液压缸运动速度的目的。调节节流阀的通流面积 A_T 的大小，可以改变流出液压缸的流量，从而改变活塞的工作速度。回路的

各个主要参数存在如下关系：

$$p_1 A_1 = p_2 A_2 + F$$
$$p_1 = p_p$$
$$q_p = q_1 + \Delta q$$
$$q_2 = C_d A_T \Delta p^m$$
$$\Delta p = p_2$$

因此，有

$$v = \frac{q_1}{A_1} = \frac{q_2}{A_2} = C_d A_T (p_p A_1 - F)^m / A_2$$

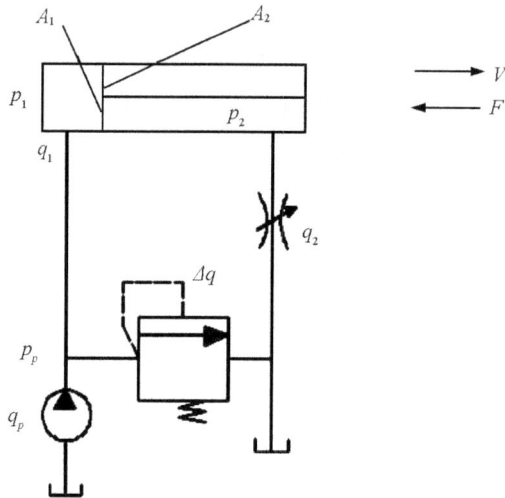

图 4-17　节流阀出口节流调速回路

从上式可以看出：节流阀出口节流调速回路的速度—负载特性方程与节流阀进口节流调速回路性质相同，故其调速性能基本相同。

节流阀出口节流调速液压缸的两面都有油压，即具有两面刚性，当负载方向变化时或具有振动时，活塞能较好地保持平稳运动。因此，节流阀回流节流调速比较适合于负载波动较大、平稳性要求较高的工作情况，特别是适合于低速工作情况。

（三）采用节流阀的旁路节流调速系统

旁路节流调速回路如图 4-18 所示，这种回路的活塞的运动速度的调节是借助节流阀的分流来实现的，调节节流阀的通流面积 A_T 的大小，控制节流阀的流量 q_T，从而间接控制了进入液压缸的流量 q_1，达到调节液压缸运动速度的目的。

回路中溢流阀只起安全阀的作用，不溢流。液压泵的工作压力等于液压缸的工作压力 p_1，亦即负载压力 p_L，液压缸的力平衡方程为

$$p_2 = 0$$
$$p_1 A_1 = p_2 A_2 + F$$
$$p_1 = p_P$$
$$q_p = q_1 + q_T$$

$$q_T = C_d A_T \Delta p^m$$

$$\Delta p = p_2$$

因此,有

$$v = \frac{q_1}{A_1} = \frac{q_p - C_d A_T (F/A_1)^m}{A_1}$$

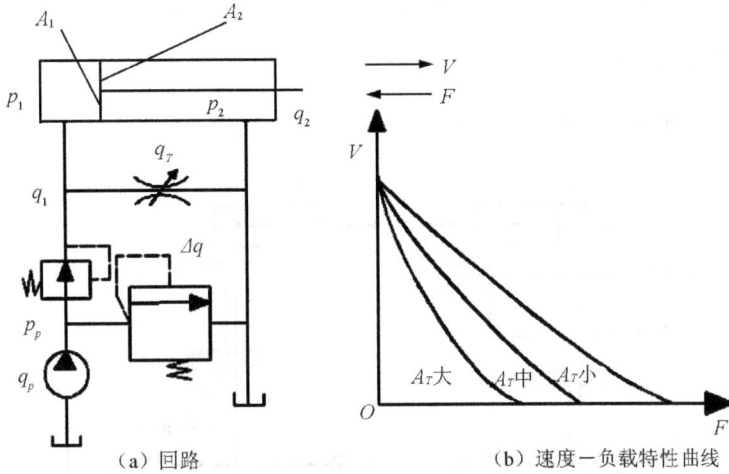

（a）回路　　　　　　　　　　（b）速度—负载特性曲线

图 4-18　节流阀的旁路节流调速回路

回路只有节流损失而无溢流损失,故其效率比进口节流和出口节流调速要高,一般适用于功率较大的传动系统。旁路节流调速液压缸的背压为零,故只有一面刚性。

（四）采用调速阀的进口节流调速回路

采用调速阀的进口节流调速回路如图 4-19 所示,它的工作情况与节流阀进口调速基本一致,定量泵输出的流量一定,一部分经调速阀进入液压缸,另一部分经溢流阀流回油箱。工作压力随负载的变化而变化,但调速阀中的减压阀使节流阀前后的压差基本不变。因此活塞的运动速度不随负载变化而变化,运动的平稳性好。减压阀有个最小工作压力,对于中低压调速阀,最小的压差为 0.5MPa,负载变化时,其减压阀自动调节使节流阀两端的压差 $\Delta p_{节流}$ 保持不变。

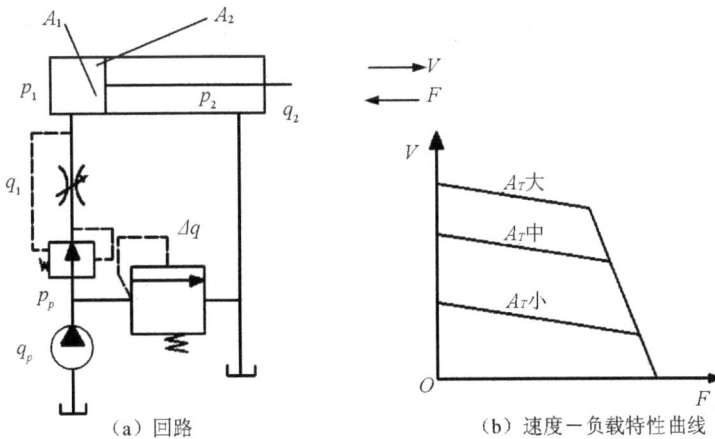

（a）回路　　　　　　　　　　（b）速度—负载特性曲线

图 4-19　调速阀的进口节流调速回路

$$q_1 = C_d A_T \Delta p_{节流}{}^m$$

$$\Delta p_{节流} = p_m - p_1$$

这里调速阀中的节流阀两端的压差是恒定的,但调速阀两端的压差是随负载变化而变化的,为

$$\Delta p = p_p - p_1$$

由于这种调速回路既有溢流损失、节流损失,又有减压损失,所以功率损失更大。

四、实验方法和步骤

(一)液压系统原理图(见图 4-20)

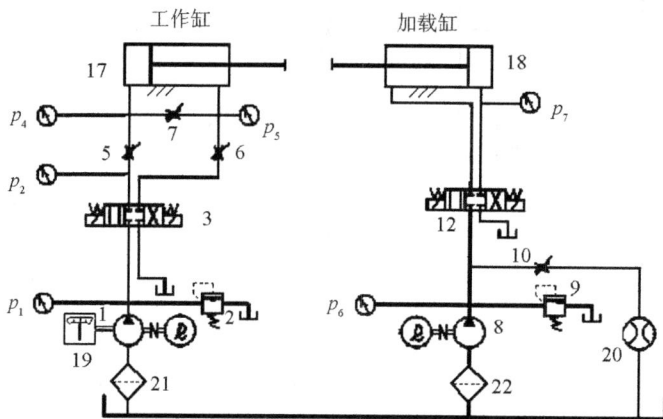

图 4-20　采用节流阀的节流调速实验系统原理图

(二)实验方法

根据各种节流调速的速度—负载特性方程可知,当节流阀的结构形式和液压缸的尺寸确定以后,液压缸活塞杆的工作速度与节流阀的通流截面积、溢流阀的调定压力(液压泵的供油压力)及负载有关。

1. 在各种调速回路中,固定一个可调节流口的开度,改变负载的大小。同时测出相应的工作缸活塞杆的运动速度及有关测点的压力值,即可作出一条以工作速度 v 为纵坐标,负载 F 为横坐标的速度—负载特性曲线。改变节流阀的不同开度,即可得到一组速度—负载特性曲线族。

2. 液压缸活塞杆工作速度的测定。

用钢皮尺测量活塞杆行程 L,用秒表测出行程时间 t,则活塞杆的工作速度 v(m/s)为

$$v = L/t$$

3. 加载方式如下:

采用加载液压缸与工作缸的活塞杆同轴对顶的加载方法,调节加载缸工作腔的不同负载压力,即可获得不同的负载值。

4. 各处压力值由压力表测出。

(三)实验步骤

按照图 4-20 的节流调速实验系统原理图在实验台上连接回路。

1. 节流阀的进油节流调速回路。

（1）实验前的准备。

①加载系统的调整：

a. 电源控制板上的电磁阀处于中位。

b. 全松溢流阀 2、9，关闭节流阀 10，接通实验台电源。

c. 启动液压泵 8，待运转正常后（约半分钟），逐渐旋紧溢流阀 9，使系统压力 p_6 达 0.3～0.5MPa。通过三位四通电磁阀 12 的切换，使加载缸 18 往复运动 3～5 次，排出系统内的空气，检查系统工作是否正常，然后，使活塞杆退入缸内，电磁阀 12 回中位。

②调速回路的调整：

a. 将旁路节流阀 7 关闭、出口节流阀 6 全开，将进口节流阀 5 全开，启动液压泵 1，调节溢流阀 2，使系统压力 p_1 处于低压 0.3～0.5MPa。

b. 通过电磁换向阀 3，慢慢调节节流阀 5 的开度，使工作缸的运动速度适中，反复切换电磁阀 3，使工作缸活塞作往复运动，检查系统是否正常工作。然后使活塞杆退入缸内，电磁阀 3 处于中位。

c. 通过电磁阀 12 使加载缸 18 的活塞杆伸出。

（2）实验操作。

分别取节流阀 5 的两个不同的节流口开度进行实验。

①旋转节流阀 5 的手柄，先得到一个较大的节流口开度 A_{T1}。旋转溢流阀 2 的手柄，使液压泵 1 的供油压力 p_1 为 4MPa。（建议加载缸最大负载压力不超过 4MPa）。

②旋转溢流阀 9 的旋钮，用溢流阀 9 调节加载缸的工作压力 p_6，使工作缸得到若干加载压力。采用逐级加载方法，在每级载荷时，操纵电磁阀 3，使工作缸活塞杆伸出，测出工作缸顶出行程时所用的时间，并在其运动过程中记录有关实验数据。

③然后计算出工作油缸的运动速度，负载应加到工作缸停止运动为止。

④旋转节流阀 5 的手柄，再选择一个较小的节流口开度 A_{T2} 进行实验。分别重复步骤②和③，并记录有关实验数据。

⑤测试完毕，应使工作缸的活塞杆退入缸内，加载缸的活塞杆伸出并将前者顶住。然后使电磁阀 3 和 12 均处于中位，全松溢流阀 2 和 9 的旋钮。

2. 节流阀的出口节流调速回路。

（1）实验装置调整。

①加载系统调整同上。

②调速回路调整：在电磁换向阀 3 处于中位的情况下，将节流阀 7 全关，进油节流阀 5 全开，调节出口节流阀 6 的开度，通过电磁换向阀 3，使工作缸的运动速度适中，其余做法同上。

（2）实验操作。

调节节流阀 6 的节流口开度，取一个较为适中的节流口开度大小进行实验，其他操作均同进口节流调速回路实验，记录有关实验数据。

3. 节流阀的旁路节流调速回路。

（1）实验装置调整。

①加载系统调整同上。

②调速回路调整：在电磁换向阀 3 处于中位的情况下，将进油节流阀 5、回油节流阀 6 全开，调节旁路节流阀 7 的开度大小，通过电磁换向阀 3，使工作缸的运动速度适中，其余做法同上。

（2）实验操作。

调节节流阀 7 的节流口开度，取一个较为适中的节流口开度大小进行实验，其他操作均同进口节流调速回路实验，记录有关实验数据。

4. 调速阀的进口节流调速回路。

（1）实验装置调整。

①加载系统调整，同上。

②调速回路调整：将溢流阀 2 松开，关闭液压泵 1，用调速阀代替节流阀 5，连接好油路后再启动液压泵 1。在电磁换向阀 3 处于中位的情况下，将节流阀 7 关闭、回油节流阀 6 全开，调节调速阀的开度，通过电磁换向阀 3，使工作缸的运动速度适中，其余做法同上。

（2）实验操作。

实验操作时，取调速阀 4 的两个不同节流口开度，为了与节流阀的进口节流调速回路性能比较，实验时调定负载压力数值最好相同。其他操作均与前相同。并按表 4-6 中各项要求分别记录有关实验数据。

实验结束后，全开调速阀 4、节流阀 5、6、7 和 10。全松溢流阀 2、9 和 14。待系统完全卸荷后，关闭液压泵和实验台电源。

五、实验报告

1. 记录实验数据，绘制速度负载—特性曲线。

活塞杆直径 $d=$ _____ mm

活塞直径 $D=$ _____ mm

活塞行程 $L=$ _____ mm

液压缸无杆腔有效面积 $A_1=$ _____ cm^2

有杆腔有效面积 $A_2=$ _____ cm^2

表 4-6　实验数据

| 待测参数 | | | | | | | 计算结果 | |
系统调定的压力（MPa）	节流阀的开度	液压泵工作压力 p_1(MPa)	节流阀入口处压力 p_2(MPa)	工作缸进油压力 p_4(MPa)	活塞运动时间 t(s)	加载缸进油压力 p_7(MPa)	负载 F(N)	活塞运动速度 v(mm/s)
	A_{T1}（稍大）							
	A_{T2}（稍小）							

2. 思考题。

（1）如果工作缸的活塞杆要获得同样的速度，节流阀的三种回路中节流阀开度有何不同？

（2）各种调速回路中，液压缸的最大承载能力取决于什么？

（3）分析这几种调速回路，指出哪种能量损失小（即效率高）。

实验七　液压缸循环动作控制实验

一、实验目的

1. 熟悉液压缸的典型工作循环；

2. 掌握液压缸典型工作循环的控制和调整；

3. 对单液压缸系统工作情况形成感性认识，对此类系统的工况能完成一些具体分析。

二、实验设备

JSX - A 型液压综合实验台。

三、实验内容

（一）液压系统的识别和连接

常见液压缸的典型工作循环为"快进—工进—快退—原位停止"。本实验建立能使一个单杆活塞缸完成"差动快进—工进—快退—原位停止"工作循环的系统。正确连接控制线路，进行必要的工况调节，完成该系统的控制和调整，实现液压缸循环动作的正确控制。对该回路不同工作阶段的参数进行测量，以判断各工作阶段的回路效率。根据实验原理图（图4-21），识别并判断所选用的元器件是否正确、液压回路连接是否正确，按动作要求正确连接控制线路。

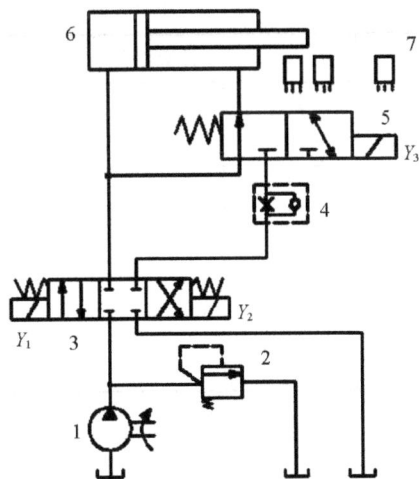

序号	名　称	数量
1	液压泵	1
2	溢流阀	1
3	三位四通电磁换向阀	1
4	单向调速阀	1
5	二位三通换向阀	1
6	单杆活塞缸	1
7	行程开关	3

图 4-21　典型液压系统原理图

（二）液压缸循环动作的正确实现

按照"差动快进—工进—快退—原位停止"的工作循环要求分别以手动控制和半自动控制的形式完成该工作循环。

四、实验步骤

1. 读懂实验原理图,找出节流调速回路、差动连接快速运动回路、速度换接回路等。

2. 按照实验原理图判断液压回路连接的正确性。

3. 按手动控制的要求,正确连接控制线路。

4. 确定连接无误后,旋松溢流阀手轮,开启系统电源,启动泵站电机,合适调节系统压力（4MPa左右）。手动控制使 Y_1 电磁铁得电,三位四通电磁换向阀在左位工作;手动控制使 Y_3 电磁铁失电,二位三通电磁换向阀也在左位工作;让液压缸构成差动回路（即工况为差动快进）。保持或重复此工况,测量该工况下的压力和速度。

5. 手动控制使 Y_1 电磁铁仍然得电,三位四通电磁换向阀仍在左位工作;Y_3 电磁铁失电,二位三通电磁换向阀在右位工作;液压缸处在回油节流调速状态（即工况为工进）。此时可以调节调速阀4调节工进的速度。保持或重复此工况,测量该工况下的压力和速度。

6. 手动控制使 Y_2 电磁铁得电（Y_1 电磁铁失电）,三位四通电磁换向阀换在右位工作;Y_3 电磁铁失电,二位三通电磁换向阀在右位工作;液压缸处在快退的工况。保持或重复此工况,测量该工况下的压力和速度。

五、实验报告

1. 记录实验数据,填写表4-7,绘制速度—负载特性曲线。

液压缸直径 $D=$ _____ mm

活塞直径 $d=$ _____ mm

行程 $S=$ _____ mm

表 4-7　实验数据

工况	待测参数				计算结果		
	压力（MPa）	动作时间（s）	输入功率（kW）	转速（r/min）	速度（m/s）	输出功率（kW）	回路效率
差动快进							
工进							
快退							
原位停止							

2. 思考题。

（1）本实验的液压系统由哪些基本回路组成?

（2）工作循环如此划分?有什么特点?

实验八　气动基本回路设计实验

一、实验目的

1. 熟悉常用气压元件的结构、性能及用途；
2. 学习正确组接气压系统基本回路；
3. 分析各种基本回路的工作原理、特点和使用场合。

二、实验设备

QDA-1 型气动 PLC 控制综合教学实验装置，如图 4-22 所示。

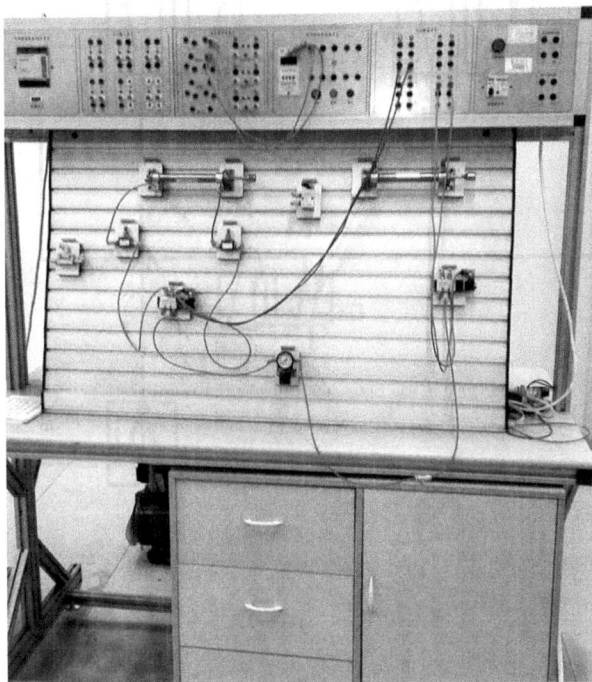

图 4-22　QDA-1 型气动 PLC 控制综合教学实验装置

三、实验步骤

1. 根据实验需要选择元件（单杆双作用缸、接近开关、单气控换向阀、二位四通双电磁换向阀、三联件、连接软管），并检验元件的实用性能是否正常。
2. 看懂双缸顺序动作回路图 4-23 之后，搭建实验回路。
3. 将二位四通双电磁换向阀和接近开关的电源输入口插入相应的控制板输出口。
4. 确认连接安装正确稳妥，把三联件的调压旋钮放松，通电，开启气泵。待泵工作正常,再次调节三联件的调压旋钮,使回路中的压力在系统工作压力以内。

5. 当电磁阀得电,左位接入,压缩空气使得左边的单气控阀动作,压缩空气进入左缸的左腔使得活塞向右运动,此时的右缸因为没有空气进入左腔而不能动作。

6. 当左缸活塞杆靠近接近开关时,二位四通电磁阀迅速换向,气体作用于右边的气控阀促使其左位接入,压缩空气经过右边气控阀的左位进入右缸的左腔,活塞在压力的作用下向右运动,当活塞杆靠近接近开关时,二位四通电磁阀又回到左位,从而实现双缸的下一个顺序动作。

7. 实验完毕后,关闭泵,切断电源,待回路压力为零时,拆卸回路,清理元器件并放回规定位置。

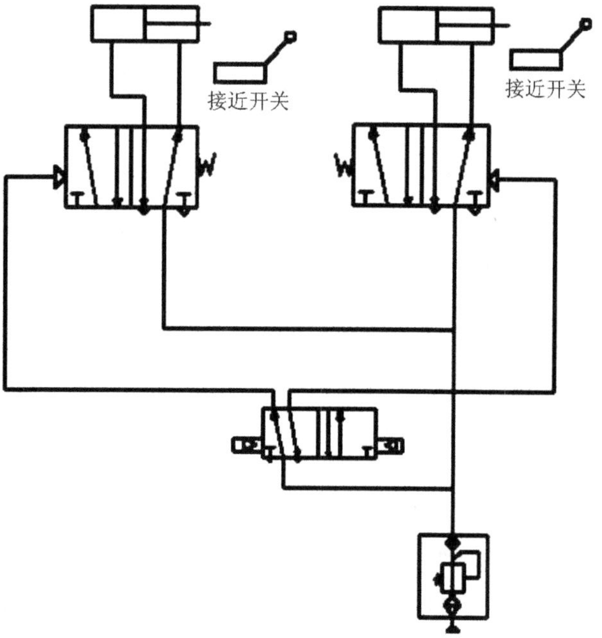

图 4-23 双缸顺序动作回路

四、思考题

1. 列出你所看到的实验台气动元件库中的各个气动元件,包括名称、型号等。

2. 气动系统中为何要有三联件?

3. 单向节流阀在气路中如何安装?

4. 绘出所设计的气压基本回路的原理图,并分析其工作原理。

5. 利用单向节流可以组成几种对于双作用气缸的速度控制回路?并分别画出几种连接方式的简图。

6. 简述什么是气缸的"爬行"现象?它的产生原因是什么?

实验九　单缸连续往复控制回路

一、实验目的

1. 熟悉常用气压元件的结构、性能及用途；
2. 学习正确组接气压系统基本回路；
3. 分析各种基本回路的工作原理、特点和使用场合。

二、实验设备

QDA-1 型气动 PLC 控制综合教学实验装置，如图 4-22 所示。

三、实验步骤

1. 根据实验的需要选择元件（单杆双作用缸、单向节流阀、接近开关、三位五通双电磁换向阀、三联件、连接软管），并检验元件的实用性能是否正常。

2. 看懂原理图 4-24 之后，搭建实验回路。

3. 将三位五通双电磁换向阀和接近开关的电源入口插入相应的控制板输出口。

4. 确认连接安装正确稳妥，把三联件的调压旋钮放松，通电，开启气泵。待泵工作正常，再次调节三联件的调压旋钮，使回路中的压力在系统工作压力以内。

5. 当电磁阀得电后，压缩空气经过电磁阀和单向节流阀进入缸的左腔，活塞向右运行。当杆靠近接近开关时，电磁阀右位接入压缩空气，经过电磁阀右位和单向节流阀进入缸的右腔，活塞在压缩空气的作用下向左运动。

6. 当杆靠近左边接近开关时，电磁阀动作换位，压缩空气进入缸的左腔，活塞又开始向右运行，从而实现往复运动。

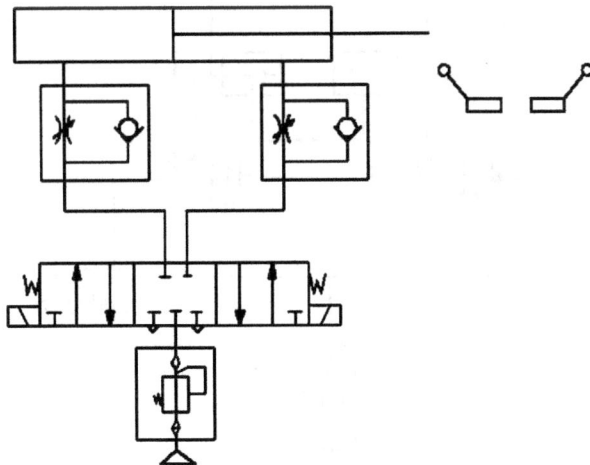

图 4-24　单缸连续往复控制回路

7. 实验完毕后,关闭泵,切断电源,待回路压力为零时,拆卸回路,清理元器件并放回规定位置。

四、思考题

1. 如果采用机械阀进行控制,该怎样搭接实验回路?
2. 如果采用磁性开关来代替,又该如何?

实验十 互锁回路

一、实验目的

1. 熟悉常用气压元件的结构、性能及用途;
2. 学习正确组接气压系统基本回路;
3. 正确分析各种基本回路的工作原理、特点和使用场合。

二、实验设备

QDA-1型气动PLC控制综合教学实验装置。

三、实验步骤

1. 根据实验的需要选择元件(单杠双作用缸、或门逻辑阀、双气控阀、二位四通双电磁换向阀、三联件、连接软管),并检验元件的实用性能是否正常。

2. 看懂原理图4-25之后,搭建实验回路。

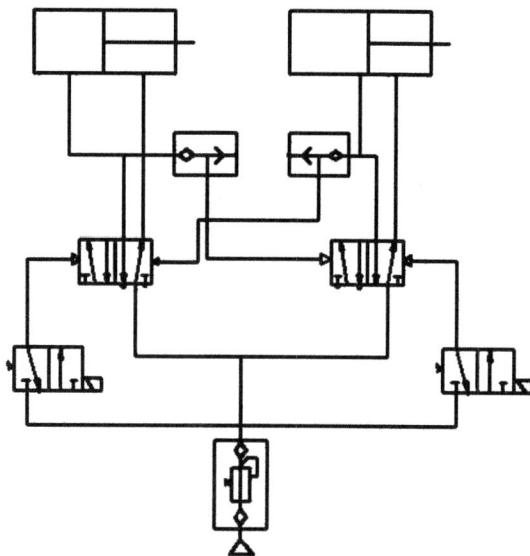

图4-25 互锁回路

3. 将二位四通双电磁换向阀和接近开关的电源输入口插入相应的控制板输出口。

4. 确认连接安装正确稳妥,把三联件的调压旋钮放松,通电,开启气泵。待泵工作正常,再次调节三联件的调压旋钮,使回路中的压力在系统工作压力以内。

5. 当电磁阀得电,左位接入,压缩空气使得左边的单气空阀动作,压缩空气进入左缸的左腔使得活塞向右运动;此时的右缸因为没有空气进入左腔而不能动作。

6. 当左缸活塞杆靠近接近开关时,二位四通双电磁换向阀迅速换向,气体作用于右边的气控阀促使其左位接入,压缩空气经过右边气控阀的左位进入右缸的左腔,活塞在压力的作用下向右运动,当活塞杆靠近接近开关时,二位四通双电磁换向阀又回到左位。从而实现双缸的下一个顺序动作。

7. 实验完毕后,关闭泵,切断电源,待回路压力为零时,拆卸回路,清理元器件并放回规定位置。

四、思考题

1. 如果要三级互锁该怎么做?

2. 如果不在回路中加单向阀安全吗? 单向节流阀在此实验回路中的作用是什么?

第5章 互换性与测量技术课程实验

实验一 用立式光学计测量轴径

一、实验目的

1. 了解立式光学计的测量原理；
2. 熟悉用立式光学计测量外尺寸的方法；
3. 理解并掌握相对测量(比较测量)方法。

二、实验仪器和设备

1. LG-1型立式光学计(见图5-1)。
2. 被测件。

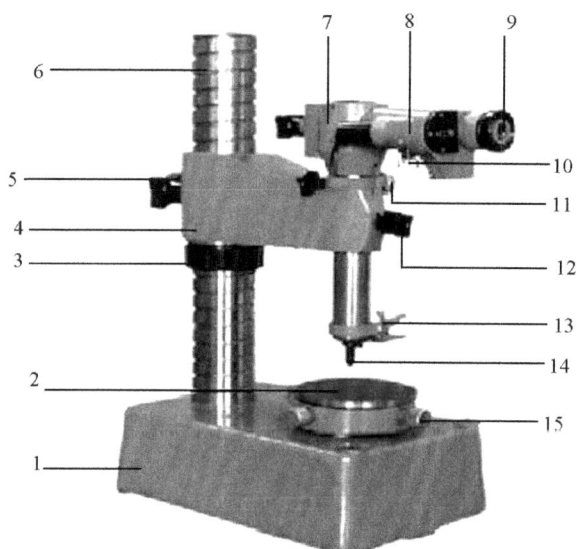

1. 底座；2. 工作台；3. 粗调螺母；4. 支臂；5. 支臂紧固螺钉；6. 立柱；
7. 直角光管；8. 光源；9. 目镜；10. 微调旋钮；11. 细调旋钮；12. 光管紧固螺钉；
13. 测头提升杠杆；14. 测帽；15. 工作台调整旋钮(共4个,调整工作台垂直于测杆)

图5-1 LG-型立式光学计

三、实验原理

立式光学计是一种精度较高而结构简单的常用光学量仪,用量块作为长度基准,按比较测量法来测量各种工件的外尺寸。仪器的基本度量指标如下:

1. 分度值:0.001mm;

2. 示值范围:±0.1mm;

3. 测量范围:0~180mm;

4. 仪器不确定度:0.001mm。

图 5-1 为立式光学计的外形图,它由底座、工作台、支臂、立柱和直角光管等几部分组成。立式光学计是利用光学杠杆放大原理进行测量的仪器,直角光管是立式光学计的主要部件,整个光学系统和测量部件装在直角光管内部。测量原理是由光学自准直原理和机械的正切放大原理组合而成。光路系统图如图 5-2 所示,正切放大原理图如图 5-3 所示。

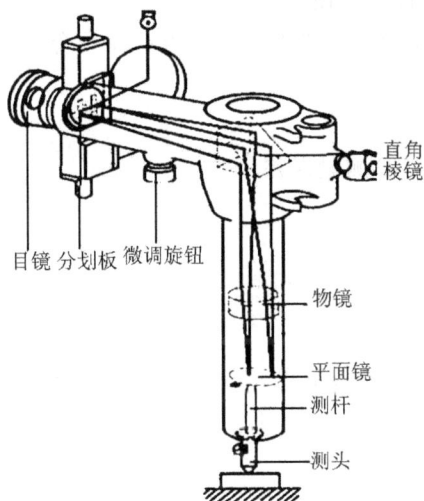

图 5-2　光路系统图

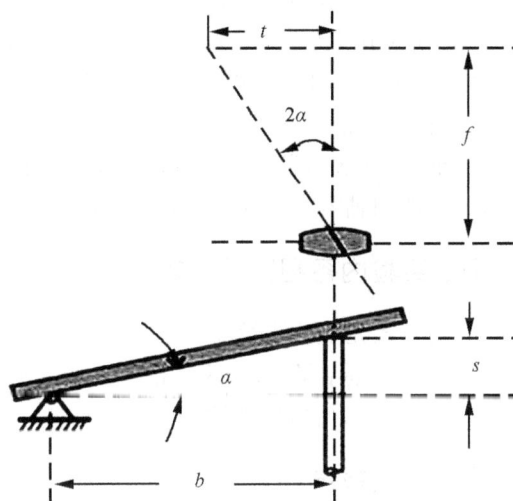

图 5-3　正切放大原理图

分划板在物镜的焦平面上,由于这一特殊位置使刻度尺受光照后反射的光线经直角棱镜折转 90° 到物镜后形成平行光束。当平面镜垂直于物镜主光轴时(通过调节仪器,使测头距工作台为基本尺寸时正好平面镜垂直主光轴),这束平行光束经平面镜反射,反射光线按原路返回,在分划板上成的刻度尺像与刻度尺左右对称,在目镜中读数为零。当平面镜与主光轴的垂直方向成一个角度 α 时(测件与基本尺寸的偏差 s 使平面镜绕支点转动),这束平行光束经平面镜反射,反射光束与入射光束成 2α 角,经物镜和平面镜在分划板上成的刻度尺像相对刻度尺上下移动 t,在原理图中可以看出:

$$s = b \times \text{tg}\alpha \qquad t = f \times \text{tg}2\alpha$$

因 α 很小, 所以 $\text{tg}\alpha \approx \alpha$,$\text{tg}2\alpha \approx 2\alpha$;

因此放大倍数 $K = t/s = 2f/b$;

又 $f = 20\text{mm}$,$b = 5\text{mm}$,则 $K = 400/5 = 80$。

又因目镜的放大倍数 $K' = 12 \times 80 = 960$,因此说明,当偏差 $s = 1\mu\text{m}$,在目镜中可看到

0.96mm的位移量,大约为1mm,看到的刻线间距约为1mm。

四、实验步骤

1. 测帽的选择:测帽有球形、平面形和刀刃形三种,根据被测零件表面的几何形状来选择,选择的原则是使测帽与被测表面接触面积为最小,即点接触或线接触。所以,测量平面工件时,选用球形测帽;测量球面工件时,选用平面形测帽;测量圆柱面工件时,选用刀刃形测帽。

2. 按被测轴径的基本尺寸组合量块。

3. 调整仪器零位:

(1) 参看图5-1,选好量块组后,将下测量面置于工作台2的中央,并使测帽14对准量块上测量面中央。

(2) 粗调节:松开支臂紧固螺钉5,转动粗调螺母3,使支臂4缓慢下降,直到测帽与量块上测量面轻微接触,并能在视场中看到刻度尺象时,将螺钉锁紧;

(3) 微调节:转动刻度尺寸微调螺钉10,使刻度尺的零线影像与 μm 指示线重合,然后按压测头提升杠杆13数次,使零位稳定。

(4) 将测头抬起,取下量块。

4. 重复10次测量一个零件同一个部位的尺寸并计算测量误差。

5. 按被测轴零件图的要求,判断合格性。

五、实验内容和实验要求

1. 用立式光学计测量轴径。

2. 根据测量结果,按国家标准 GB 1957-2006《光滑极限量规》查出被测轴径的尺寸公差和形位公差,做出适用性结论。

六、实验报告

1. 测量数据,填写表5-1。

2. 计算实验结果,填写表5-2。

(1) 测量结果的标准偏差(μm)。

(2) 测量结果(mm)。

表 5-1 指标参数值

仪器名称	刻度值(mm)	示值范围(mm)	测量范围(mm)
零件名称	零件基本尺寸及极限偏差(mm)	量块组合尺寸(mm)	修正量(μm)

表 5 - 2　重复 10 次测量一个零件同一个部位的尺寸并计算测量误差

序号	测得实际偏差(mm)	换算实际尺寸 X_i(mm)	残差(μm) $\mu = X_i - \overline{X}$	μ^2
1				
2				
3				
4				
5				
6				
7				
8				
9				
10				

3. 思考题。

(1) 用立式光学计测量轴径属于什么测量方法？

(2) 什么是分度值、刻度间距？它们与放大比的关系如何？

(3) 仪器工作台与测杆轴线不垂直,对测量结果有何影响？工作台与测杆轴线垂直度如何调节？

(4) 仪器的测量范围和刻度尺的示值范围有何不同？

实验二　用内径百分表测量内径

一、实验目的

1. 了解测量内径常用计量器具、测量原理及使用方法；

2. 掌握用内径百分表测量内尺寸。

二、实验仪器

内径百分表,量块,被测件。

三、测量原理

内径可用内径千分尺直接测量,但对深孔或公差等级较高的孔,则常用内径百分表或卧式测长仪作比较测量。内径百分表常由活动测头工作行程不同的七种规格组成一套,用以测量 10～450mm 的内径,特别适用于测量深孔,其典型结构如图 5 - 4 所示。内径百分表是用它的可换测头 3(测量中固定不动)和活动测头 2 跟被测孔壁接触进行测量的。仪器盒内有几个长短不同的可换测头,使用时可按被测尺寸的大小来选择。测量时,活动测头 2 受到一定的压力,向内推动镶在等臂直角杠杆 1 上的钢球 4,使杠杆 1 绕支轴 6 回转,并通过长接杆 5 推动百分表的测杆而进行读数。在活动测头的两侧有对称的定位板 8,装上活动测头 2 后,即与定位板连成一个整体。定位板在弹簧 9 的作用下,对称地压靠在被测孔壁上,以保证测头的轴线处于被测孔的直径截面内。

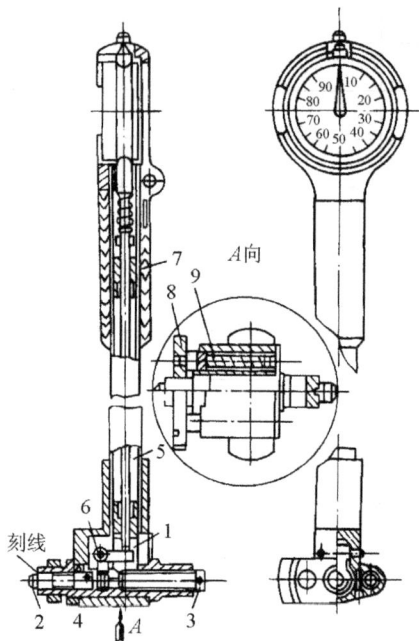

1. 杠杆;2. 活动测头;3. 可换测头;4. 钢球;5. 长接杆;
6. 支轴;7. 隔热手柄;8. 定位板;9. 弹簧

图 5-4　内径百分表

四、实验步骤

1. 按被测孔的基本尺寸组合量块,选取相应的可换测头,并拧入仪器的相应螺孔内。

2. 将选用的量块组和专用测块(图 5-5 中 1 和 2)一起放入量块夹内夹紧,以便仪器对零位。在大批量生产中,也常按照与被测孔径基本尺寸相同的标准环的实际尺寸对准仪器的零位。

3. 仪器对零位。一手握着隔热手柄(图 5-4 中 7),另一只手的食指和中指轻轻压按定位板,将活动测头压靠在测块上(或标准环内)使活动测头内缩,以保证放入可换测头时不与测块(或标准环内壁)摩擦而避免磨损。然后,松开定位板和活动测头,使可换测头与测块接触,就可在垂直和水平两个方向上摆动内径百分表找最小值。反复摆动几次,并相应地旋转表盘,使百分表的零刻度正好对准示值变化的最小值。零位对好后,用手轻压定位板使活动测头内缩,当可换测头脱离接触时,缓缓地将内径百分表从测块(或标准环)内取出。

4. 进行测量。将内径百分表插入被测孔中,沿被测孔的轴线方向测几个截面,每个截面要在相互垂直的两个部位上各测一次。测量时轻轻摆动百分表,记下示值变化的最小值。将测量结果与被测孔的公差要求进行比较,判断被测孔是否合格。

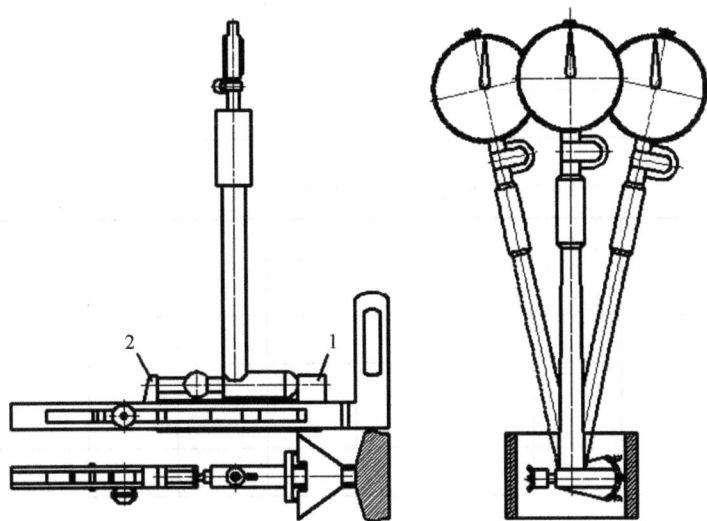

图 5-5　用内径百分表测量内径

五、实验报告

1. 测量与数据处理,填写表 5-3～表 5-5。

表 5-3　指标参数值

仪器	名称			刻度值	示值范围	测量范围
零件名称	测量示意图					
零件基本尺寸及极限偏差	D	ES	EI			
修正量						

表 5 - 4　在不同方向和截面上测量孔的实际偏差(单个孔)

测量位置		实际偏差			
测量方向	A - A				
	B - B				
合格性结论					

表 5 - 5　在不同方向和截面上测量孔的实际偏差

零件编号	1	2	3	4	5	6	7	8	9	10
实测偏差										
实际尺寸变化范围										
合格判定										

2. 思考题。

(1) 测量孔径的方法有哪些?

(2) 什么是绝对测量? 什么是相对测量? 用内径百分表测量内径属于什么测量方法?

实验三　平面度误差的测量

一、实验目的

1. 了解平面度误差的测量原理及千分表的使用方法;

2. 掌握平面度误差的评定方法及数据处理。

二、实验仪器和设备

测量平板、千分表、万能表架、可调支撑等。

三、实验原理

平面度公差用以限制平面的形状误差,其公差带是距离为公差值的两平行平面之间的区域,并规定,理想形状的位置应符合最小条件。常见的平面度误差的测量方法有用指示表测量平面度误差、用光学平晶测量平面度误差、用水平仪测量平面度误差及用自准仪和反射镜测量平面度误差。用各种不同的方法测得的平面度误差测值,应进行数据处理,然后按一定的评定准则处理结果。平面度误差的评定方法有:

(一) 最小包容区域法

采用最小包容区域法时,若由两平行平面包容实际被测要素,至少有三点或四点相接

触。具有下列形式之一者,即为最小包容区域,其平面度误差值最小。最小包容区域的判别方法有下列三种形式:

1. 两平行平面包容被测表面时,被测表面上有 3 个最低点(或 3 个最高点)及 1 个最高点(或 1 个最低点)分别与两包容平面接触,并且最高点(或最低点)能投影到 3 个最低点(或 3 个最高点)之间,则这两个平行平面符合最小包容区原则,如图 5-6(a)所示。

2. 被测表面上有 2 个最高点和 2 个最低点分别与两个平行的包容面相接触,并且 2 个最高点投影于 2 个最低点连线之两侧,则两个平行平面符合平面度最小包容区原则,如图 5-6(b)所示。

3. 被测表面的同一截面内有 2 个最高点及 1 个最低点(或相反)分别和两个平行的包容面相接触,则该两平行平面符合平面度最小包容区原则,如图 5-6(c)所示。

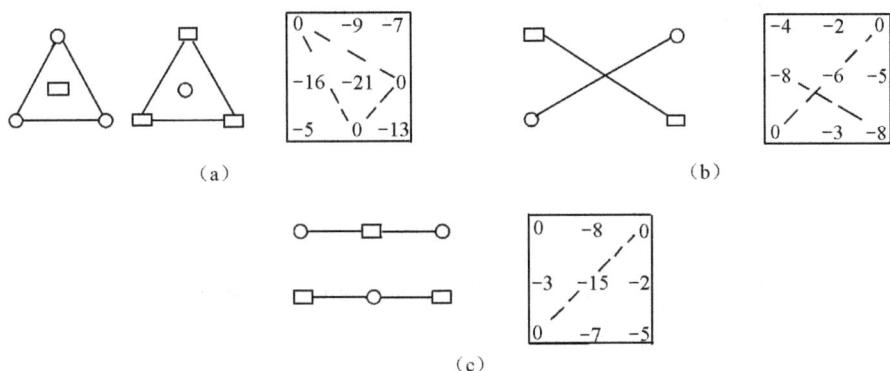

(a)   (b)

(c)

图 5-6 平面度误差的最小区域判别法

(二) 三角形法

三角形法是以通过被测表面上相距最远且不在一条直线上的 3 个点建立一个基准平面,各测点对此平面的偏差中最大值与最小值的绝对值之和为平面度误差。实测时,可以在被测表面上找到 3 个等高点,并且调到零。在被测表面上按布点测量,与三角形基准平面相距最远的最高点和最低点间的距离为平面度误差值。

(三) 对角线法

对角线法是通过被测表面的一条对角线作另一条对角线的平行平面,该平面即为基准平面。偏离此平面的最大值和最小值的绝对值之和为平面度误差。

四、实验步骤

检测时,将被测零件和带千分表的测量架放在平板上,并使千分表测量头垂直地指向被测零件表面,调整表盘,使指针指在零位。按图 5-7 所示,将被测平板沿纵横方向均布画好网格,四周离边缘 10mm,其画线的交点为测量的 9 个点,同时记录各点的读数值。全部被测点的测量值取得后,按对角线法求出平面度误差值。

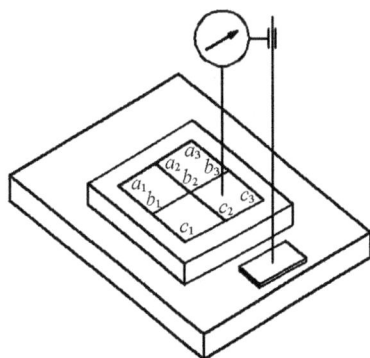

图 5-7 检测示意图

五、数据处理方法

（一）数据处理法

数据处理的方法有多种，有计算法、作图法、对角线法等，下面介绍用对角线法求取平面度误差值的方法。

$$
\begin{array}{ccc}
a_1 & a_2 & a_3 \\
b_1 & b_2 & b_3 \\
c_1 & c_2 & c_3
\end{array}
$$

图 5-8　对角线法图解（一）

1. 令图 5-8 中的 a_1-c_1 为旋转轴，旋转量为 P，则有图 5-9。

$$
\begin{array}{ccc}
a_1 & a_2+P & a_3+2P \\
b_1 & b_2+P & b_3+2P \\
c_1 & c_2+P & c_3+2P
\end{array}
$$

图 5-9　对角线法图解（二）

2. 令图 5-9 中的 a_1-a_3+2P 为旋转轴，旋转量为 Q，则有图 5-10。

$$
\begin{array}{ccc}
a_1 & a_2+P & a_3+2P \\
b_1 & b_2+P+Q & b_3+2P+Q \\
c_1+2Q & c_2+P+2Q & c_3+2P+2Q
\end{array}
$$

图 5-10　对角线法图解（三）

3. 按对角线上两个值相等列出下列方程，求旋转量 P 和 Q。

$$a_1 = c_3 + 2P + 2Q$$

$$a_3 + 2P = c_1 + 2Q$$

把求出的 P 和 Q 代入图 5-8 中，按最大最小读数值之差来确定被测表面的平面度误差值。

（二）例题

用千分表按图 5-8 所示的布线方式测得 9 点，其读数如图 5-11 所示，用对角线法确定平面度误差。

$$
\begin{array}{ccc}
0 & -6 & -16 \\
-7 & +3 & -7 \\
-10 & +12 & +4
\end{array}
$$

图 5-11　测得的 9 点读数

$$
\begin{array}{ccc}
0 & -5.5 & -15 \\
-9.5 & +1 & -8.5 \\
-15 & +7.5 & 0
\end{array}
$$

图 5-12　经坐标变换后的各点坐标值

$$0 = 4 + 2P + 2Q$$

$$-16+2P=-10+2Q$$

解得　　$P=0.5$，

　　　　$Q=-2.5$。

将各点的旋转量与图 5－11 中的对应点的值相加,即得经坐标变换后的各点坐标值,如图 5－12 所示。由图 5－12 可见 a_1 和 c_3 等高(0)，c_1 和 a_3 等高(-15)，则平面度误差值为

$$f'=+7.5-(-15)=22.5(\mu m)$$

六、实验报告

1. 在图 5－13 上记录测量数据:

a_1	a_2	a_3
b_1	b_2	b_3
c_1	c_2	c_3

a_1	a_2	a_3
b_1	b_2	b_3
c_1	c_2	c_3

图 5－13　测量数据

2. 计算实验结果。

3. 思考题。

(1) 平面度误差的评定方法有几种?

(2) 比较最小包容区域法、三角形法、对角线法评定平面度误差的优缺点?

实验四　表面粗糙度的测量

一、实验目的

1. 了解 JB－3C 型表面粗糙度测量仪的测量原理,并掌握其使用方法;

2. 正确理解表面粗糙度评定参数 Ra、Rz 等的实际含义。

二、实验仪器和设备

1. JB－3C 型表面粗糙度测量仪。

2. 多刻线样板、粗糙度比较样块。

3. 被测件。

三、实验原理

通过针尖感触被测表面微观不平度的方法称为针描法或针触法。JB－3C 型粗糙度测量仪属于接触式测量,它基于感应式位移传感器的原理,测量出粗糙度的各个参数。在这个系统里,一个金刚石触针被固定在一移动极板上(铁氧体极板),在被测表面上移动。在零位状态时,极板离开位于传感器外壳上的两个线圈有一定的距离,且有一高频的震荡

信号在这两个线圈内流动。如果铁氧体极板与线圈间的距离改变了（由于传感器的金刚石触针在一粗糙表面上移动），线圈的电感发生变化，测量仪的微机系统，则对此变化进行采样、数据转化处理后，在液晶屏上显示出被测物表面的粗糙度参数，如图 5－14 所示。

1. 轮廓的算术平均偏差 Ra：在取样长度内，被测实际轮廓上各点至轮廓中线距离绝对值的平均值（图 5－15）。

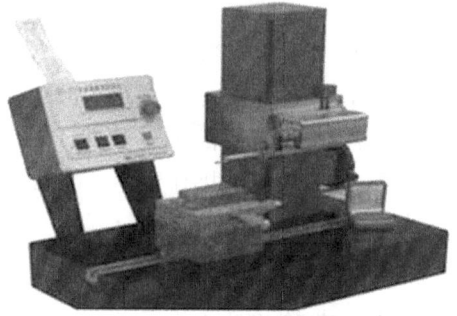

图 5－14　JB－3C 型表面粗糙度测量仪

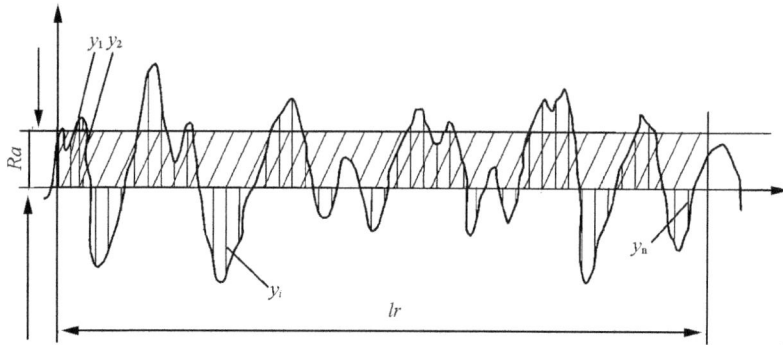

图 5－15　轮廓算术平均偏差 Ra

$$Ra = \frac{1}{l}\int_0^1 |y|\,dx$$

近似为

$$Ra = \frac{1}{n}\sum_{i=1}^{n}|y_i|$$

2. 轮廓的最大高度 Rz：在一个取样长度范围内，最大轮廓峰高 Rp 与最大轮廓谷深 Rv 之和称之为轮廓最大高度，用符号 Rz 表示，即 $Rz = Rp + Rv$，如图 5－16 所示。

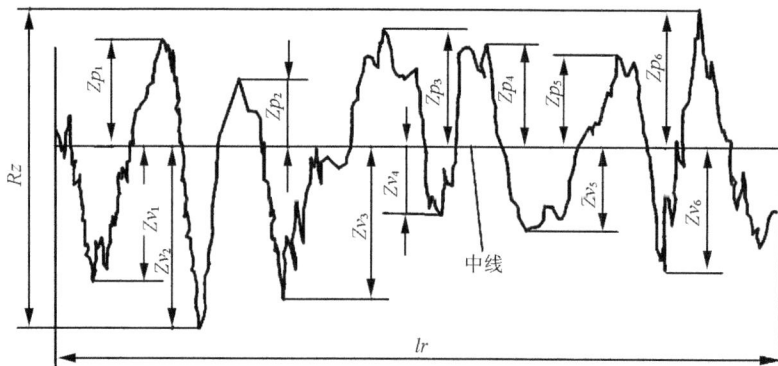

图 5－16　轮廓的最大高度 Rz

3. 轮廓单元平均宽度：一个轮廓峰与相邻的轮廓谷的组合叫作轮廓单元。在一个取样长度 lr 范围内，中线与各个轮廓单元相交线段的长度叫作轮廓单元宽度，用符号 Xsi 表示

(图 5 - 17)。轮廓单元平均宽度：是指在一个取样长度 lr 范围内，所有轮廓单元宽度 Xsi 的平均值，用符号 Rsm 表示，即

$$Rsm = \frac{1}{m} \sum_{i=1}^{m} Xsi$$

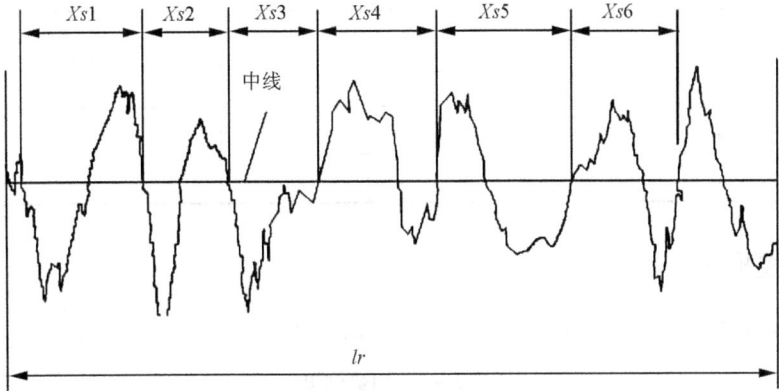

图 5 - 17　轮廓单元宽度与轮廓单元平均宽度

4. 轮廓支承长度率：轮廓支承率 t_p 为轮廓支承长度 M_p 与取样长度 l_r 之比。

$$t_p = \frac{M_p}{l_r}$$

M_p——在取样长度内，一平行于中线的直线与轮廓相截，所截得各段实体长度之和（图 5 - 18）。此直线与峰顶线的距离称为水平截距 C。轮廓支承长度率能直观地反映零件表面的耐磨特性，对提高承载能力也具有重要意义。

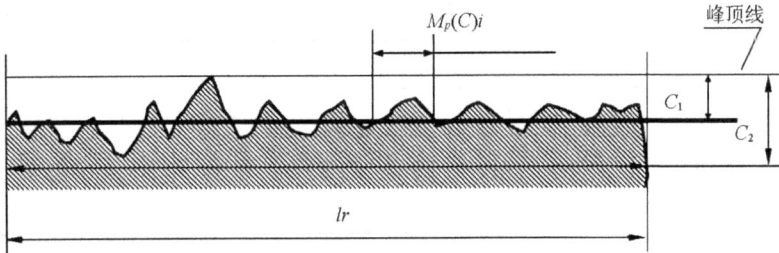

图 5 - 18　轮廓支承长度率

四、实验步骤

1. 在正确连接好电源线和电缆线之后，就可开机了。接通电源后，按下电源开关，液晶屏上应有显示。

2. 放置好被测件后，将传感器测头轻轻放下接触工件，要特别小心，以免损坏金刚石测针，传感器要与被测表面相平行，传感器的金刚石触针要与被测表面相垂直，传感器的移动方向要与被测件的加工纹理方向相垂直。

3. 选择好取样长度（截止波长）λc（见表 5 - 6）的值后，按下启动键，测量仪进行测量长度 L_n 的选择。选择好后，再按一次此键，测量仪开始测量，传感器在被测件表面上移动，测量结束后，液晶屏上自动显示出测量数据。如需重复测量一次，可再按此键二次，仪器将进

行第二次测量。

4. 测量结束后，可先按启动键，再按打印键，打印机将打印输出所测量的数据及轮廓部分。

5. 仪器使用后，应关闭电源，认真做好仪器的清洁工作。

表 5-6　取样长度(截止波长)λc 的选择

λc	Ra	Rz
0.25mm	0.1μm	< 0.5μm
0.8mm	0.1~2μm	0.5~10μm
2.5mm	2~10μm	10~50μm

五、实验报告

1. 实验数据及处理：按要求将被测件的相关信息、测量结果及测量条件填入表 5-7 中。

表 5-7　测量结果

仪器	名称	测量范围	测量力	垂直放大倍数		
被测件	Ra 允许值(μm)	目估表面粗糙度 Ra 值	取样长度(mm)	有效行程长度(mm)		
测量数据与结果评定	测量序号	1	2	3	4	5
	测量值 Ra(μm)					
	测量值 Rz(μm)					
	Ra 平均值(μm)					
	Rz 平均值(μm)					
	记录图形及数据					
结论			理由			

2. 思考题：用电动轮廓仪测量时，根据什么选定取样长度？同一表面测量 Ra、Rz 数值一样吗？

实验五　用工具显微镜测量螺纹参数

一、实验目的

1. 了解工具显微镜的测量原理及结构特点；

2. 掌握用工具显微镜测量外螺纹中径、螺距和牙型半角的方法。

二、实验仪器及设备

1. JGX - 1 小型工具显微镜。
2. 19JC 大型工具显微镜。
3. JT12 - A 数字式投影仪。
4. 螺纹量规。

三、实验原理

工具显微镜用于测量螺纹量规、螺纹刀具、齿轮滚刀以及轮廓样板等。它分为小型、大型、万能和重型等四种形式,它们的测量精度和测量范围各不相同,但基本原理是相似的。用工具显微镜测外螺纹常用的测量方法有影像法和轴切法两种,本实验用影像法。下面以工具显微镜为例,阐述用影像法测量外螺纹中径、牙型半角和螺距的方法。仪器的外形如图 5-19 所示,仪器的光学系统如图 5-20 所示。从光源 1 发出的光束经光阑 2、滤光片 3、反射镜 4、聚光镜 5 成为平行光束,透过玻璃工作台 6 后,对工件进行投影。被测工件的投影轮廓经物镜组 7、反射棱镜 8 投射到目镜 10 的焦平面处的米字线分划板 9 上,从而在目镜 10 观察到放大的轮廓影。另外,也可用反射光源,照亮被测工件表面,同样在目镜 11 中观察到放大的轮廓影。

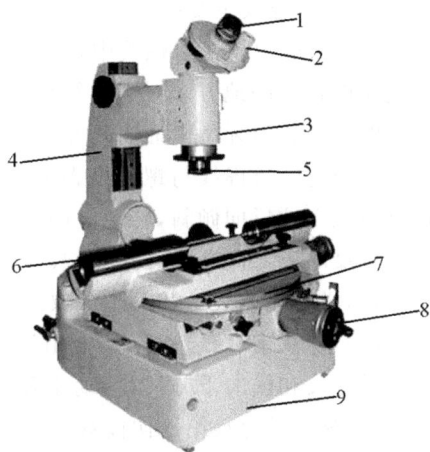

1. 目镜;2. 测角目镜;3. 显微镜管;
4. 立柱;5. 物镜;6. 顶针架;7. 圆工作台;
8. 读数鼓轮;9. 底座

图 5-19　工具显微镜

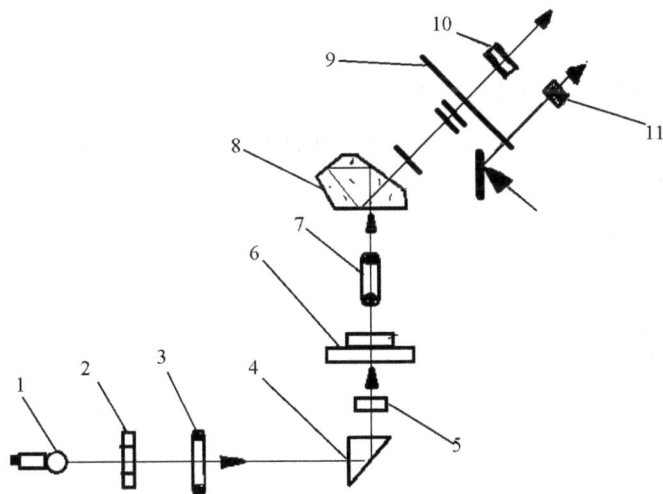

1. 光线;2. 光阑;3. 滤光片;4. 反光镜;5. 聚光镜;6. 工作台;
7. 物镜组;8. 反射棱镜;9. 分划板;10. 目镜;11. 目镜

图 5-20　光学系统

四、实验步骤

1. 首先调整仪器,调整方法如下:

(1) 装上附件顶尖架,使两顶尖的轴心线尽可能与纵向导轨方向一致。

(2) 调焦:将定焦杆用顶尖顶紧,移动纵、横向滑板,使定焦杆上的刀口在视场中出现,转动粗调焦手轮和微调,使刀口的像清晰而无像差为止。

(3) 将工件小心地安装在两顶尖之间,旋转升降手轮,调整焦距,使被测轮廓影像清晰。

(4) 根据螺纹升角及升角的方向调整立柱的倾斜角度。

2. 测量螺纹主要参数:

(1) 测量中径 d_2:螺纹中径是一个假象圆柱的直径,该圆柱的母线通过牙型上沟槽和凸起宽度相等的地方。对于单线螺纹,它的中径也等于在轴截面内,沿着与轴线垂直的方向量得的两个相对牙型侧面间的距离。测量时,转动纵向千分尺和横向千分尺,移动工作台,使目镜中的一条虚线与螺纹投影牙型侧面轮廓重合,记下横向千分尺的第一次读数。然后,将显微镜立柱反向倾斜,转动横向千分尺,使同一条虚线与对面牙型侧面轮廓重合,记下横向千分尺的第二次读数,两次读数之差,即为螺纹的实际中径。为了消除被测螺纹安装误差的影响,必须测出 d_2 左和 d_2 右,取两者的平均值作为实际中径。

(2) 测量螺距 P:螺距是指相邻两牙在中径线上对应两点间的轴向距离。测量时,转动纵向千分尺和横向千分尺,移动工作台,利用目镜中的一条虚线与螺纹投影牙型的一侧重合,记下纵向千分尺第一次读数。然后,移动纵向工作台,使牙型纵向移动几个螺距的长度,以同侧牙型与目镜中的同一条虚线重合,记下纵向千分尺第二次读数,两次读数之差,即为 n 个螺距的实际长度。

(3) 测量牙型半角 $\frac{a}{2}$:螺纹牙型半角是指在螺纹牙型上,牙侧与螺纹轴线的垂线间的夹角。牙型半角测量步骤如下:

① 在调整好仪器之后,让米字线的中心虚线与牙型轮廓的左、右边缘相靠(采用光隙法),从角度目镜中分别读出角度值记作角 $\frac{a}{2}$ Ⅰ、角 $\frac{a}{2}$ Ⅱ。

② 将立柱向相反方向倾斜一个螺旋升角,纵向手轮不动,移动横向手轮,使螺纹另一边的牙型出现在视场中。

③ 用中心虚线分别与牙型槽两边的牙廓相靠,从角度目镜中读得两个角度值,记作角 $\frac{a}{2}$ Ⅲ、角 $\frac{a}{2}$ Ⅳ。

五、实验报告

1. 实验数据及分析评定(见表 5-8 和表 5-9):

表 5 - 8　仪器参数

仪器	名称		测量范围		分度值	
			纵向	横向	长度	角度
被测件	编号	No.	螺纹标记		精度等级	
	大径		中径	螺距	牙型半角	螺纹升角

表 5 - 9　测量结果

名称	测量记录			计算及分析评定	
中径	I		d_2 左＝	$d_2{}'＝$	
	II				
	III		d_2 右＝		
	IV				
螺距	I		P_n 左＝	$P_n{}'＝$	
	II				
	III		P_n 右＝	$\Delta P_n＝$	
	IV				
半角 $\frac{a}{2}$	$\frac{a}{2}$ 左	$\frac{a}{2}$ I	$\Delta\frac{a}{2}$ 左＝	$\Delta\frac{a}{2}$ 左＝	
		$\frac{a}{2}$ II			
	$\frac{a}{2}$ 右	$\frac{a}{2}$ III	$\frac{a}{2}$ 右＝	$\frac{a}{2}$ 右＝	
		$\frac{a}{2}$ IV			

2. 思考题。

(1) 用影像法测量螺纹中径时,如何消除螺纹定位时被测件轴线和横向导轨不垂直所产生的误差?

(2) 测量螺纹时,立柱为什么要倾斜角度?

实验六　圆柱齿轮的测量

一、实验目的

1. 了解齿轮各项误差的含义、评定及其对齿轮传动性能的影响;

2. 了解各种齿轮测量仪器的工作原理及其使用方法；

3. 熟悉齿轮精度标准。

二、实验仪器和设备

1. WXY－360 型万能测齿仪。

2. 公法线千分尺。

3. 齿厚游标卡尺和外径千分尺。

4. 被测齿轮。

三、实验内容

1. 齿轮齿距偏差 Δf_{pt} 和齿距累积误差 Δf_p 的测量。

2. 齿轮公法线长度变动量 ΔF_w 和公法线平均长度偏差 ΔE_{wm} 的测量。

3. 分度圆齿厚偏差的测量。

四、齿距偏差 Δf_{pt} 和齿距累积误差 Δf_p 的测量

（一）测量原理

齿距偏差 Δf_{pt} 是指分度圆上实际齿距与公称齿距之差。用相对测量法测量时，以被测齿轮所有实际齿距的平均值作为公称齿距。齿距累积误差 Δf_p 是指任意两同侧齿廓在分度圆上的实际弧长与公称弧长的最大差值（取绝对值）。测量齿距误差的方法有绝对测量法和相对测量法，对中等模数的齿轮多采用相对测量法。相对测量法是在被测齿轮分度圆附近的圆周上，任意取两相邻之间的实际齿距作为基准，在依次量出其余各齿距相对此基准齿距的偏差（齿距相对偏差），通过数据处理得到 Δf_{pt} 和 Δf_p。

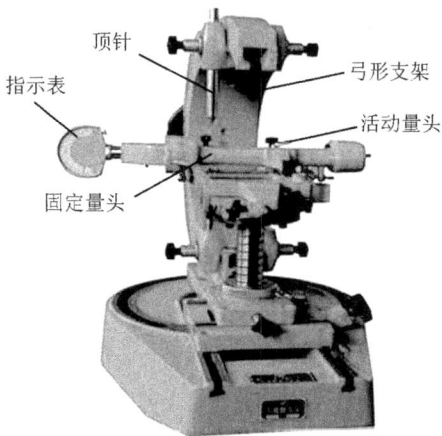

图 5－21　万能测齿仪

齿距偏差和齿距累积误差的测量在万能测齿仪上进行（见图 5－21），被测齿轮装于心轴上，安放在仪器上、下顶针之间，在仪器的测量托架上装有与指示表相连的活动量头和固定量头，被测齿轮在重锤和牵引线作用下，使齿面与测量头接触进行测量。测量前先选定任一齿距作基准，调节测量托架和固定量头的位置，使活动量头和固定量头沿齿轮径向大致位于分度圆附近，将指示表调零。测完一齿厚，将测量托架沿径向退出，使齿轮转过一齿后再进入齿间，直到测完一周回到基准齿距，此时指示表的指针仍应在零位。须注意的是：由于重锤的作用，当每次将测量托架退出时，要用手握住齿轮，以免损坏测量头。

（二）实验数据处理

测量数据处理有计算法和作图法两种。现以测量模数为 3mm、齿数为 12 的齿轮为例说明如下：

1. 计算法：一般均采用列表计算。首先将实测的一系列齿距相对偏差 $\Delta f_{pt相对}$ 值列于表第一列（见表 5-10），然后进行计算。

表 5-10　计算法

步骤 齿序 n	一 测得齿距相对偏差 $\Delta f_{pt相对}$	二 齿距相对偏差累积 $\sum_{1}^{n}\Delta f_{pt相对}$	三 齿距偏差 $\Delta f_{pt相对}-K_p$	四 齿距累积误差 Δf_p
1	0	0	+4	+4
2	+5	+5	+9	+13
3	+5	+10	+9	+22
4	+10	+20	+14	+36
5	-20	0	-16	+20
6	-10	-10	-6	+14
7	-20	-30	-16	-2
8	-18	-48	-14	-16
9	-10	-58	-6	-22
10	-10	-68	-6	-28
11	+15	-53	+19	-9
12	+5	-48	+9	0

（1）将第一行的 $\Delta f_{pt相对}$ 累积相加，求得各齿的齿距相对偏差累积值，列于表第二列。

（2）计算基准齿距的偏差值 K_p。作为基准的齿距是任意选取的，不可能没有误差，若它与公称齿距的偏差为 $-K_p$，则每测一齿均引入一个差值 K_p，到最后一齿时，其总差值为

$$\sum_{1}^{n}\Delta f_{pt相对} = ZK_p$$

所以

$$K_p = \frac{\sum_{1}^{n}\Delta f_{pt相对}}{Z} = \frac{-48}{12} = -4um$$

（3）计算各齿的齿距偏差。各齿的齿距相对偏差减 K_p 值，变得到各齿的齿距偏差，列于表第三列，其中绝对值最大者为该齿轮的齿距偏差 Δf_{pt}，本例为 $\Delta f_{pt} = +19\mu m$。

（4）计算齿轮的齿距累积误差。将第三列的齿距偏差累积相加，即求得各齿的绝对齿距累积误差，列于第四列。在第四列数据中最大值减最小值便是被测齿轮的齿距累积误差 Δf_p，本例为 $\Delta f_p = |+36| - |-28| = 64\mu m$，发生在第 4 齿和第 10 齿之间。

2. 作图法：直接利用测得的一系列 $\Delta f_{pt相对}$ 画出曲线，如图 5－22 所示。

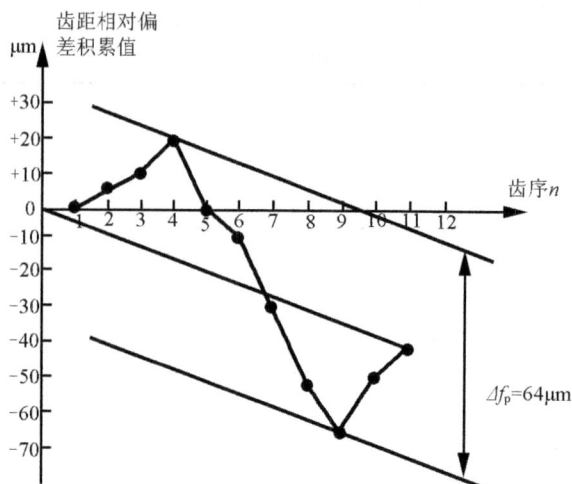

图 5－22　作图法

以纵坐标表示齿距相对偏差累积值，横坐标表示齿序 n。第一齿的 $\Delta f_{pt相对}$ 值为零，故纵坐标为 0；第二齿的纵坐标为第一齿的纵坐标加上本齿序的 $\Delta f_{pt相对}$ 值，第三齿的纵坐标为第二齿的纵坐标加上本齿序的 $\Delta f_{pt相对}$ 值，按同样方法画出各齿的纵坐标并连成折线。再将坐标原点与最末一点连成直线，该直线即为计算齿距累积误差的基准线，过折线上的最高点和最低点作两平行于首尾两点连线的直线，该两平行线沿纵坐标方向的距离即为齿轮齿距累积误差 Δf_p。

（三）实验步骤

1. 擦净被测齿轮，并装于顶尖之上。

2. 调整测量托架，使两测头进入齿间，与相邻的同侧齿面大约在分度圆上接触。

3. 在齿轮心轴上加挂重锤，使齿轮齿面紧靠侧头。

4. 以任一齿距作为基节，调整指示表指针为零。

5. 退出测量托架，使齿轮转过一齿，两测头重新与下一对齿面接触，依次逐齿测量一周，从指示表读出被测齿距的相对偏差值。

6. 用计算法和作图法处理数据，查阅齿轮公差表格，并判断 Δf_{pt} 和 Δf_p 是否合格。

（四）实验报告

1. 被测齿轮参数如表 5－11 所示：

表 5－11　被测齿轮参数

仪器名称				齿轮编号	
被测齿轮参数	模数 M	齿数 Z	齿形角 a	变位系数 ζ	精度系数及侧隙

2. 将测量结果填入表 5－12。

表 5－12 用计算法求齿距偏差和齿距累积误差

齿序	读数（齿距相对偏差读数） $\Delta f_{pti 相对}$	齿距相对偏差累积 $\sum \Delta f_{pti 相对}$	齿距偏差 $\Delta f_{pti} = \Delta f_{pti 相对} - k$	齿距累积误差读数 $\Delta F_{pti} = \sum \Delta f_{pti}$

3. 思考题。

（1）测量齿距偏差和齿距累积误差有何意义？它们对齿轮传动有何影响？

（2）齿距偏差和齿距累积误差的测量精度与哪些因素有关？

五、齿轮公法线变动量 ΔF_w 和公法线平均长度偏差 ΔE_{wm} 的测量

（一）测量原理

齿轮公法线长度是指与两异侧齿廓相切的两平行平面间的距离。公法线长度可用公法线千分尺测量，公法线千分尺实际上是具有两个平行圆盘测头的千分尺，其外形见图 5－23。公法线长度变动量是指在齿轮一周范围内，实际公法线长度的最大值 W_{max} 和最小值 W_{min} 之差。公法线平均长度偏差 ΔE_{wm} 是指在齿轮一周内，公法线实际长度的平均值与公称值之差。

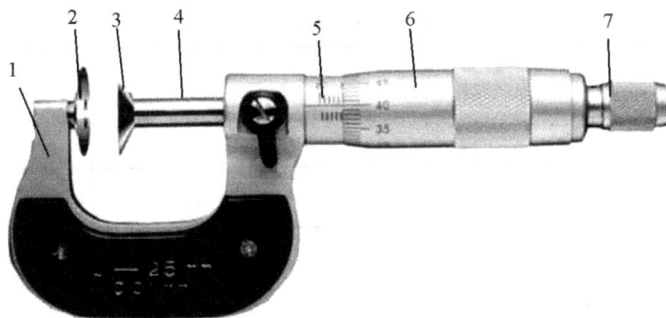

1. 尺架；2. 固定测头；3. 活动测头；4. 测微螺杆；5. 固定套管；6. 微分筒；7. 测力装置

图 5－23 公法线千分尺

（二）测量步骤

1. 计算被测直齿圆柱齿轮公法线长度 W，当齿形角 $a = 20°$ 时：

$$W = m[1.476(2K-1)+0.014Z] + 2.xm\sin 20°$$

式中：x——变位系数；

K——两平行测面之间的跨齿数，为使两平行测面接触在高齿中部，K 可按下式确定：

$K = Z/9 + 0.5$（计算的结果应按四舍五入取整数）。

2. 用仪器所附校对棒校对公法线千分尺的零位。

3. 沿齿圈均布的六个方位上测量齿轮公法线的实际长度，读数并记录。

4. 测得 6 个读数中，最大值和最小值之差即为公法线长度变动量 ΔF_w，该 6 个读数的平均值减公法线的公称长度即得公法线平均长度偏差。

5. 合格条件：

$$\Delta F_w \leqslant F_w$$
$$\Delta E_{wmi} \leqslant \Delta E_{wm} \leqslant \Delta E_{wms}$$

（三）实验报告

1. 参数计算（见表 5-13）。

表 5-13　被测齿轮参数

仪器名称				齿轮编号	
被测齿轮参数	模数 m	齿数 Z	齿形角 a	变位系数 x	精度等级

计算公式：

跨齿数：$K = Z/9 + 0.5 = \qquad$，取 $K = \qquad$ 齿；

齿轮公法线长度：$W = m[1.476(2K-1)+0.014Z] = $

公法线平均长度偏差：上偏差 $E_{ws} = \qquad$；

下偏差 $E_{wi} = \qquad$；

2. 测量结果（见表 5-14）。

表 5-14　测量数据

序号（均布）	1	2	3	4	5	6	7	8
实际公法线长度								
公法线长度偏差 ΔE_w								

合理性结论：

理由：

3. 思考题。

(1) ΔF_w 和 ΔE_w 对齿轮传动各有什么影响？

(2) 为什么不能单独用 ΔF_w 一个参数来评定齿轮传递运动的准确性？

六、齿轮分度圆齿厚偏差 ΔE_s 测量

(一) 测量原理

齿厚偏差 ΔE_s 是指在分度圆柱上齿厚实际值与公称值之差。齿厚偏差常用齿轮游标卡尺测量,齿轮游标卡尺见图 5-24,它有两个互相垂直的游标尺,测量前应先将垂直游标尺调整到被测齿轮的分度圆弦齿高值(h)处,其目的是使水平游标尺的两个量脚与齿面在分度圆弦齿厚处接触,由水平游标尺测出分度圆弦齿厚的实际值。用齿轮游标齿测齿厚,是以齿顶圆为基准。

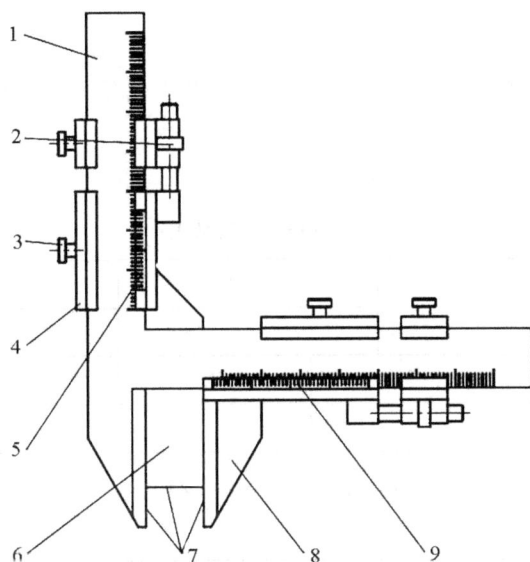

1. 主尺;2. 微动装置;3. 齿高尺尺框;4. 紧固螺钉;5. 齿高尺游标;
6. 齿高尺;7. 测量面;8. 齿厚尺尺框;9. 齿厚尺游标

图 5-24　齿厚游标卡尺

直齿轮分度圆处的弦高 h 和弦齿厚 S 的公称值为

$$h = m\left\{1 + \frac{Z}{2}\left[1 - \cos\left(\frac{\pi + 4X\mathrm{tg}\alpha}{2Z}\right)\right]\right\}$$

$$S = mZ\sin\left(\frac{\pi + 4X\mathrm{tg}\alpha}{2Z}\right)$$

式中: X——变位系数;

α——齿形角。

注意:当 $\alpha = 20°$ 代入,计算得 $\left(\dfrac{\pi + 4X\mathrm{tg}\alpha}{2Z}\right)$ 单位为弧度。

由于采用齿顶圆定位,则齿顶圆尺寸偏差将影响测量结果,因此在调整垂直游标尺时,其实际调整值应为 h':

$$h' = h + \frac{\Delta D_e}{2}$$

式中：h——分度圆弦齿高公称值；

ΔD_e——齿顶圆直径实际偏差值。

（二）测量步骤

1. 用外径千分尺测量齿轮齿顶圆实际直径。

2. 计算齿轮分度圆处弦齿高 h 和弦齿厚 S 的公称值。

3. 按实际调整值 h 调整垂直游标尺。

4. 将齿轮游标尺置于被测齿上，使垂直游标尺的高度尺与齿顶相接触，然后移动水平游标尺的卡脚，使卡脚靠紧齿廓，从水平游标尺上读出弦齿厚的实际尺寸（按光隙判断接触情况）。

5. 每隔 90° 测量一个齿厚。

6. 按齿轮图样标注的要求确定齿厚上偏差 E_{Ss} 和下偏差 E_{Si}。判断被测齿厚的适用性。

（三）实验报告

1. 实验数据及分析（见表 5 − 15）。

表 5 − 15　实验数据

仪器	名称		分度值		测量范围	

	件号	模数		齿数	压力	图样标注
被测齿轮						
	分度圆公称弦齿高　$h=m[1+Z/2(1-\cos90°/Z)]$ 垂直游标尺调整尺寸　$h_f=h+(d_a'-d_a)/2$					
	分度圆公称弦齿厚　$S_Z=mZ\sin90°/Z$ 齿厚极限偏差　E_{Ss} 　　　　　E_{Si}					

测量数据	序号（均布）										
	齿厚实际值										
	实际偏差										

结果	合格性结论	
	理由	

2. 思考题。

（1）测量齿厚偏差的目的？

（2）齿厚极限偏差和公法线长度极限偏差有何关系？

（3）齿厚的测量精度与哪些因素有关？

实验七　轴承检测综合性实验

一、实验目的

1. 了解轴承外径、内径、宽度、跳动等测量仪的结构及测量原理；
2. 掌握轴承尺寸公差等级和精度等级的标准运用。

二、实验仪器和设备

1. 外径测量仪 D913。
2. 内径测量仪 D923。
3. 宽度检测仪 G904。
4. 跳动测量仪 B014 和 B024A。
5. 表面粗糙度测量仪 JB-4C。
6. 轴承 6206 及游标卡尺。

三、实验方法和步骤

1. 轴承外径测量：用 D913 外径测量仪测量轴承单一平面平均外径偏差 ΔDmp、单一平面外径变动量 VDp 和平均外径变动量 $VDmp$。

2. 轴承内径测量：用 D923 内径测量仪测量轴承单一平面平均内径偏差 Δdmp、单一平面内径变动量 Vdp 和平均内径变动量 $Vdmp$。

3. 轴承宽度测量：用 G904 宽度检测仪测量内圈单一宽度偏差 ΔBs、内圈宽度变动量 VBs、外圈单一宽度偏差 ΔCs 和外圈宽度变动量 VCs。

4. 测量外圈径向跳动和轴向跳动：用 B014 测量仪器测量成套轴承外圈径向跳动 Kea 和成套轴承外圈轴向跳动 Sea。

5. 测量内圈径向跳动和轴向跳动：用 B024A 测量仪器测量成套轴承内圈径向跳动 Kia 和成套轴承内圈轴向跳动 Sia。

6. 测量轴承粗糙度：用 JB-4C 表面粗糙度测量仪测量内圈沟道表面粗糙度和外圈沟道表面粗糙度。

四、实验报告

1. 将实验数据填入表 5-12，轴承型号 6206，外形尺寸 30mm×62mm×16mm，标准查询 GB/T 307.1—2005。

2. 思考题。

（1）滚动轴承内圈与轴颈的配合采用什么配合制？滚动轴承外圈与外壳孔的配合采用什么配合制？

（2）滚动轴承内圈内孔及外圈外圆柱面公差带分别与一般基孔制的基准孔及一般基轴

制的基准轴公差带有何不同？

表 5－16　测量结果

规格型号：6206　　　　　　　　　　　　　　　　　　　　精度等级：P0

检测项目		标准值（μm）	实测值（μm）									
			1	2	3	4	5	6	7	8	9	10
主要项目	Δdmp											
	Vdp											
	$Vdmp$											
	ΔDmp											
	VDp											
	Vmp											
	Kia											
	Sia											
	Kea											
	Sea											
	内圈粗糙度 Ra											
	外圈粗糙度 Ra											
次要项目	ΔBs											
	VBs											
	ΔCs											
	VCs											
缺陷												
检测结果												

注：缺陷有黑皮、锈蚀、碰伤、磨伤、内纹、旋转灵活性能等

参考文献

[1] 尹明富.机械制造技术基础实验[M].武汉：华中科技大学出版社,2008.

[2] 胡德飞.陶晔.机械基础课程实验[M].北京：机械工业出版社,2009.

[3] 宁生科.机械制造基础[M].西安：西北工业大学出版,2004.

[4] 乔世民.机械制造基础[M].北京：高等教育出版社,2003.

[5] 王继伟.机械类专业课程实验教材[M].北京：国防工业出版社,2012.

[6] 徐名聪.机械基础课程实验教程[M].北京：中国计量出版社,2010.

[7] 朱文坚,黄平,刘小康.机械设计[M].北京：高等教育出版社,2008.

[8] 邢邦圣,王柏华.机械基础实验指导书(下册)[M].南京：东南大学出版社,2009.

[9] 奚鹰.机械基础实验报告[M].武汉：武汉理工大学出版社,2005.

[10] 杨可桢,程光蕴.机械设计基础[M].北京：高等教育出版社,2005.

[11] 孙桓,陈作模,葛文杰.机械原理[M].北京：高等教育出版社,2010.

[12] 齐乐华.工程材料与机械制造基础[M].北京：高等教育出版社,2006.

[13] 陈培里.工程材料及热加工[M].北京：高等教育出版社,2007.

[14] 章宏甲.液压与气压传动[M].北京：机械工业出版社,2003.

[15] 韩学军,宋锦春,陈立新.液压与气压传动实验教程[M].北京：冶金工业出版社,2008.

[16] 胡光立,谢希文.钢的热处理[M].4版.西安：西北工业大学出版,2012.

[17] 甘永立.几何量公差与检测[M].8版.上海：上海科学技术出版社,2008.

[18] 李柱.互换性与测量技术基础[M].北京：高等教育出版社,2004.

[19] 周兆元.互换性与测量技术基础[M].北京：机械工业出版社,2006.

[20] 马海荣.几何量精度设计与检测[M].北京：机械工业出版社,2004.

ZHEJIANG UNIVERSITY PRESS
浙江大学出版社

互联网+教育+出版

立方书

教育信息化趋势下，课堂教学的创新催生教材的创新，互联网+教育的融合创新，教材呈现全新的表现形式——教材即课堂。

 轻松备课　 分享资源　 发送通知　 作业评测　 互动讨论

"一本书"带走"一个课堂"　教学改革从"扫一扫"开始

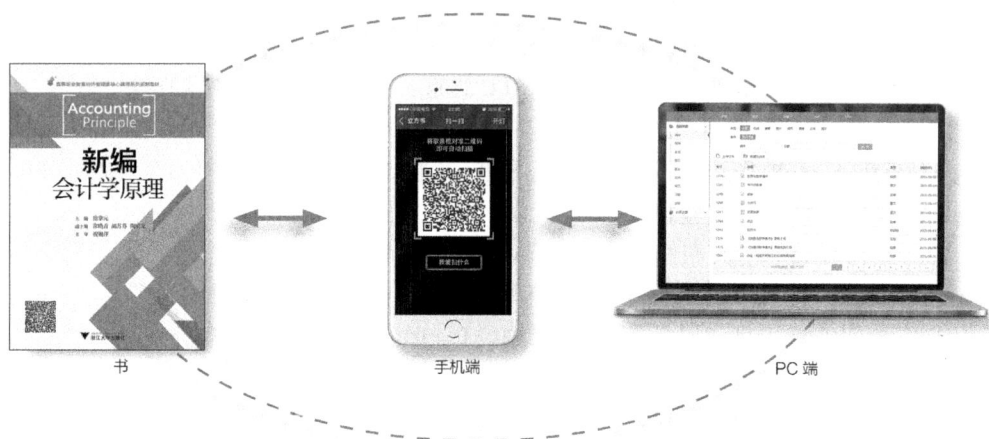

书　　　　　　　　手机端　　　　　　　　PC端

打造中国大学课堂新模式

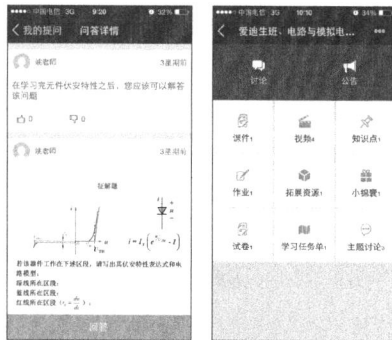

【创新的教学体验】

开课教师可免费申请"立方书"开课，利用本书配套的资源及自己上传的资源进行教学。

【方便的班级管理】

教师可以轻松创建、管理自己的课堂，后台控制简便，可视化操作，一体化管理。

【完善的教学功能】

课程模块、资源内容随心排列，备课、开课，管理学生、发送通知、分享资源、布置和批改作业、组织讨论答疑、开展教学互动。

扫一扫 下载APP

教师开课流程 ➤

➡ 在APP内扫描封面二维码，申请资源

➡ 开通教师权限，登录网站

➡ 创建课堂，生成课堂二维码

➡ 学生扫码加入课堂，轻松上课

网站地址：www.lifangshu.com
技术支持：lifangshu2015@126.com；电话：0571-88273329